材料科技入门 500 天

薛 强◎著

科学技术文献出版社
SCIENTIFIC AND TECHNICAL DOCUMENTATION PRESS

·北京·

图书在版编目（CIP）数据

材料科技入门500天 / 薛强著. —北京：科学技术文献出版社，2021. 9（2021.11重印）

ISBN 978-7-5189-8340-7

Ⅰ.①材… Ⅱ.①薛… Ⅲ.①工程材料 Ⅳ.① TB3

中国版本图书馆 CIP 数据核字（2021）第 186004 号

材料科技入门500天

策划编辑：崔　静　责任编辑：张　红　责任校对：张吲哚　责任出版：张志平

出　版　者	科学技术文献出版社
地　　　址	北京市复兴路15号　　邮编　100038
编　务　部	(010) 58882938，58882087（传真）
发　行　部	(010) 58882868，58882870（传真）
邮　购　部	(010) 58882873
官 方 网 址	www.stdp.com.cn
发　行　者	科学技术文献出版社发行　全国各地新华书店经销
印　刷　者	北京虎彩文化传播有限公司
版　　　次	2021 年 9 月第 1 版　2021 年 11 月第 2 次印刷
开　　　本	710×1000　1/16
字　　　数	169千
印　　　张	14.25
书　　　号	ISBN 978-7-5189-8340-7
定　　　价	60.00元

寄　语

　　《材料科技入门500天》是一名国家材料科技一线管理者以亲身经历的真实手法，兼用散文写作抒发感受的表现形式，带着浓厚的"材料科技情结"，生动、系统地表述了我国工业化重要时期"十二五""十三五"国家新材料研发的规划布局，记叙了我国"政、产、学、研"紧密合作开发各类重要新材料技术的奋斗历程。本书的作者在500天的调研、学习、思考中，对材料科技从开始"入门"到"入迷"，在担任科技部高新技术司材料处处长的500天中，与材料及材料科技工作者结下了不解之缘，而且成为"材料通"。作者对半导体材料、陶瓷材料、稀土材料、合金材料、高分子材料等十几类材料信手拈来、分类剖析，阐述清晰、解读深刻，高兴处更是以诗明志。他胸怀宽阔、文采斐然，对材料科技倾注了满腔热情。

　　新材料是最新科技成果的物质化基础，是高新科技产业领域发展的先导，是制造业和武器装备高质量发展的支撑保障。我国拥有完整的材料体系，但比西方国家起步晚。随着信息技术、能源技术的发展，新一代材料不但要具有更强的性能、更高的纯度、更特殊的结构，而且要求迭代快、成本低、性能一致性和稳定性更高。材料已成为各国技术经济发展水平的风向标和竞争的焦点，也成为某些国家企图封锁我国的主要手段之一。

本书作者从材料的门外汉，到材料科技的追随者，到材料内涵的理解者，再到材料科技发展的管理者。他与同事们紧密合作，组织专家团队对名目繁多的材料门类和细分领域进行认真梳理、合理规划、科学布局。通过"南北西东看材料""内外上下学材料""材料处里写材料""规划司中想材料"，我们看到了一个刻苦好学、慎思慎行，对材料科技倾注一腔热忱，且干一行、爱一行、专一行的科技管理者的形象。这是在我国工业化进程中，全国人民在党中央领导下砥砺前行、顽强拼搏的一个缩影。材料科技入门500天，也是材料科技进步发展的500天！500天只是历史长河的一瞬，作者也只是千千万万名科技管理者中的一员，但这本书却昭示我们：材料强国之梦、科技强国之梦是一定能实现的！

中国工程院原副院长

中国工程院院士

自　序

在喜庆党的百岁华诞之际，我到了新岗位锻炼半年，繁忙工作之余，每天上下班的交通方式也改成了骑自行车，来回十余千米的路程，既锻炼身体，又增加了思考的机会。偶然间发现，离开材料处已近3年了，之前也想过整理曾经500天的点点滴滴，却苦于没有系统梳理的时间，正好有了骑车的四五十分钟，看着玉渊潭风景的同时，也可以回顾过往的经历。材料处是我参加工作后的第5个处室，也是第2个技术领域的业务处，尽管只有1年零5个月的时间，但锻炼价值却非常大。

一方面是补短板。我的大学专业是自动化，所学课程几乎和材料领域无关，唯一沾点边儿的是冶金自动化的流程中涉及钢铁的背景，加之高中时化学成绩也一般，所以到了岗位之后，第一件事就是在墙上贴了一张化学元素周期表。当然，业务处在技术领域有一支强有力的智囊队伍，诸多专业方向的翘楚集聚一堂，在请教和聆听的过程中，真正感受到了各位专家的真知灼见和可贵的科学家精神，此处限于篇幅恕难一一列出。直到离开材料处，我其实也一直处在不断学习的过程中，材料技术确实博大精深，一时间也只能了解皮毛，但对我的专业思维却很有帮助，使我逐渐改变着学习新技术、掌握新知识、明晰新逻辑的方法与习惯。另一方面是强能力。经历了综合处、信息与空间处的两个岗位，对于材料处的工作心里虽然有些底气，但还是心慌意乱，一时也是毫无头绪、手足无措。幸好当时"十三五"材料领域的各项工作基本部署到位，在大方向、大原则、大思路上明确了具体任务，让我在开局工作时能够顺利地承上启下，既保持了延续性、稳定性，又对突发情况和新任务有精力思考与应对。

本书主要分为4个部分：一是从我在材料处工作期间参与的调研、会议中，选择了一些片段来反映当时的工作状态和心得，也收录了几首当时出差途中填写的词；二是回忆了当初学习材料知识的一些收获，分类没有严格对照专业标准，大致按照初学者自身的角度；三是整理了几篇当初在处里牵头起草的文章，与专业方向的关联远近不一；四是到了规划司工作之后，有机会参与一些战略研究的工作，考虑到国家中长期和五年的科技规划都把材料领域作为专门章节，所以节选公开发表的材料领域专项规划中部分内容稍加介绍。

鉴于我在材料领域工作时间短，加之水平有限，书中不妥之处敬请谅解指正。

2021 年 7 月

目　录

目 录

南北西东看材料

2017年5月22日，我离开了工作近一年的信息与空间处，搬到了隔壁办公室，开启了在材料处工作的时光。由于"十三五"专项规划编制、国家重点研发计划的相关重点专项、科技创新2030—重大项目等工作在程序上各技术领域大致相同，初始阶段的适应相对顺利一些，因此也有时间认真学习业务知识。由于工作任务的轻重缓急不同，所以只能急用先学、现用现学了，偶尔有机会，尽量围绕某个特定技术内容相对系统地了解一些情况。在一年半的时间里，利用出差、开会、调研的机会，实地了解了一些情况，有幸亲身感受材料领域部分知名科研机构和专家学者的亮丽风采，在此选择其中片段记录当初的经历与体会。

2017 年度高新工作会

2017 年 6 月 19—20 日，全国高新技术发展及产业化工作会议在山东青岛召开，这是高新技术和产业化领域一年一度的全国性会议，既贯彻落实中央部署和科技部党组要求，对高新领域年度工作进行系统安排，又推动地方科技部门、国家高新区、有关科研单位围绕高新领域工作进行沟通交流。此前我在综合与计划处工作的时候，连续几年负责筹备年度工作会议，没有大会发言的经历，而履新材料处后，按照惯例会安排技术领域处室在全体会议上介绍年度工作，这也算是我第一次以新的身份出现吧。说点儿题外话，18 号报到时，由于北京和青岛两地的天气都不太好，因此航班取消和延误的较多，而我之前预订的又是晚上的航班，在机场焦急地等了几个小时之后，终于成行。赶到会议驻地的宾馆时已近深夜两点了，虽有些波折，但总算是没有耽误事儿。

19 日上午是全体会议，分为两个阶段，司长的工作报告之后，是各处处长的情况介绍，按照司内的处室顺序，我倒数第二个发言。虽然之前类似的发言经历也有，会议代表中的大多数也都熟识，但因为对材料领域只有不到一个月的了解，真正到了上台的那一刻还是有些紧张。汇报的主要内容是材料领域"十三五"科技创新规划及 2017 年度有关工作的考虑。与"十二五"材料领域有多个细分方向的专项规划不同，"十三五"时期集成在一个领域规划里，所以涉及的内容更加丰富、系统，而且结合 2014 年年底开始的中央财政科技计划和资金的改革，任务布局与资源配置的协同性相对更强。关于 2017 年度的工作安排，我当时对整个领域的认识还十分有限，幸好在司领导和处内同事的帮助下，能够初步理出思路，结合重大项目布局、重点专项实施、原有计划项目收尾、基地平台人才协同等方面，向会议报告了处内的重点工作。

参加司里的年度工作会议，想来也有十多年、十几次了，而且从 2006 年开始就参与了全司工作报告的起草，2012 年起也牵头负责会务筹备和文件准备，但是这一年的会议，却对我适应新的岗位起到了非常重要的作用。一是结果导向。从搬办公室到会上发言，不到一个月的时间，我还在信息处工作的时候，就知道高新工作会的具体时间和安排了，但又无法提前准备，只能等到进入角色、考试铃声响起之后，才能开始答题，所以在有限的时间内，只能聚焦中心工作，力求抓住重点，对具体专业知识和业务问题只能留待下回分解了。二是兼听独思。主动向分管司领导和处内同事求教，既要在大的方向把握上充分听取意见，又要对重点任务的来龙去脉深入了解，结合自己工作的经验，静下心来认真回味，努力找出其中的逻辑主线，汇报情况的 PPT 不求新、不贪全，力争客观反映处内的共识，确保重要任务不遗漏。三是摆正位置。由于业务上的熟悉程度有限，在实际汇报时就不能随心所欲地拓展发挥，更不能似是而非、似懂非懂，毕竟站在发言席代表的就是科技部高新司对材料领域工作的认识与思考，但同时又要努力讲得更生动、更有吸引力（给我安排的时间距离吃午饭很接近了），所以在熟悉的业务流程、工作节点等方面适当地增加了一些事例，也算是此前工作的积累在关键时刻有了点价值吧。

面向"十三五"时期，通过前瞻部署策略，科学把握新技术的原创点，瞄准国民经济和社会发展各主要领域的重大、核心和关键技术问题，实施材料领域重大工程和重点专项，从基础前沿、重大共性关键技术到应用示范进行全链条设计，一体化组织实施，使材料的基础前沿研发活动具有更明确的需求导向和产业化方向；实施技术创新引导策略，着重培育战略性新兴产业生长点；切实加强我国材料高技术领域自主创新能力，切实提升产业的核心竞争力，为我国经济社会发展与国防安全提供强有力的材料支撑。

在基础材料技术提升与产业升级方面，着力解决重点基础材料产业面临的产品同质化、低值化，环境负荷重、能源效率低、资源瓶颈制约等重大共性问题，推进钢铁、有色、石化、轻工、纺织、建材等基础性原材料重点产业的结构调整与产业升级，通过基础材料的设计开发、制造流程及工艺优化等关键技术和国产化装备的重点突破，实现重点基础材料产品的高性能和高附加值、绿色高效低碳生产。建立完备的知识产权和标准体系，完善基础材料产业链。提升我国基础材料产业整体竞争力，满足"中国制造 2025"，"一带一路"倡议，战略性新兴产业创新发展，新型工业化、城镇化和区域经济建设的需求，为我国参与全球新一轮产业变革与竞争提供支撑，实现我国材料产业由大变强、材料技术由跟跑型向并行和领跑型转变。

在新材料技术发展方面，将瞄准国家重大需求、全球技术和产业制高点，战略性电子材料技术以第三代半导体材料与半导体照明、新型显示为核心，以大功率激光材料与器件、高端光电子与微电子材料为重点，第三代半导体材料与半导体照明、新型显示两大核心方向整体达到国际先进水平，部分关键技术达到国际领先水平；大功率激光材料与器件、高端光电子与微电子材料两大重点方向关键技术达到国际先进水平。先进结构与复合材料将着力解决先进结构材料设计、制备与工程应用的重要科学技术问题，重点研究高性能纤维及复合材料、高温合金、高端装备用特种合金、海洋工程用关键结构材料、轻质高强材料、高性能高分子结构材料、材料表面工程技术、3D 打印材料与粉末冶金技术、金属与陶瓷复合材料等关键材料和技术，实现我国高性能结构材料研究与应用的跨越发展。新型功能与智能材料将突破新型稀土功能材料、智能/仿生与超材料、新一代生物医用材料、先进能源材料、高性能分离膜材料、生态环境材料、重大装备与工程用特种功能材料的基础科学问题及产业化、应用集成关键技术和高效成套装备技术。

在变革性的材料及其绿色制造新技术方面，纳米材料技术将重点围绕传统纳米材料的提升和新型纳米材料的研发，着力解决纳米材料产业面临的重大共性问题，在核心纳米材料的设计、生产工艺流程的优化，以及关键技术和装备的开发3个方面形成突破，建立起相对完备的知识产权和标准体系，提升我国纳米产业国际核心竞争力，实现我国纳米材料产业由大变强、成为国际领跑者之一。材料基因工程将构建支撑我国材料基因工程研究和协同创新发展的高通量计算、高通量合成与表征和专用数据库等三大示范平台，研发材料高通量计算方法、高通量制备技术、高通量表征与服役评价技术、面向材料基因工程的材料大数据技术等四大关键技术，在能源材料等材料上开展验证性示范应用，验证研发技术的先进性和适用性，并实现突破。

在材料基地与人才队伍建设方面，以国家科研基地平台为依托，建设一批完善的新材料研发平台，积极引导各类人才与团队通过平台、基地、联盟等形式开展合作协作，强化原始创新能力和高技术转移转化能力。建设一支规模、结构、素质与实现本规划目标要求相适应的多层次材料人才队伍。

到"十三五"末，将我国重点基础材料高端产品平均占比提高15%～20%，减少碳排放5亿吨/年。典型钢铁品种、高端有色金属材料的国内市场自给率超过80%，钢铁与有色金属生产综合能效提高10%，化工新材料和精细化学品的产值率达到60%；

特种工程塑料等高端产品的自给率 5 年内从 30% 提高到 50%；实现轻工重点材料国产化率从 15% 提高 40%；化纤差别化率由 56% 提升至 65%，产业用纺织纤维加工量由 23% 增加到 30% 以上；建材新兴产业的产值比重达到建材总量的 16% 左右。形成专利 3000 项，制定标准和规范 500 项，建成 500 条产业化示范线，在重点领域培养 15 ~ 20 个团结协作的全链条攻关人才团队；聚集 10 ~ 15 个从事前瞻性技术创新的有活力的青年人才团队，形成研究和创新的人才梯队。培养领军型创新创业人才 1000 名。

"十三五" 主要技术方向

1. 重点基础材料技术提升与产业升级

钢铁材料技术。高品质特殊钢，绿色化与智能化钢铁制造流程，高强度大规格易焊接船舶与海洋工程用钢，高性能交通与建筑用钢，面向苛刻服役环境的高性能能源用钢等。

有色金属材料技术。大规格高性能轻合金材料，高精度高性能铜及铜合金材料，新型稀有 / 稀贵金属材料，高品质粉末冶金难熔金属材料及硬质合金，有色 / 稀有 / 稀贵金属材料先进制备加工技术等。

纺织材料技术。化纤柔性化高效制备技术，高品质功能纤维及纺织品制备技术，高性能工程纺织材料制备与应用，生物基纺织材料关键技术，纺织材料高效生态染整技术与应用等。

石油与化工材料技术。基础化学品及关键原料绿色制造，清洁汽柴油生产关键技术，合成树脂高性能化及加工关键技术，合成橡胶高性能化关键技术，绿色高性能精细化学品关键技术，特种高端化工新材料等。

轻工材料技术。基于造纸过程的纤维原料高效利用技术及纸基复合材料，塑料轻量化与短流程加工及功能化技术，生态皮革关键材料及高效生产技术、绿色高效表面活性剂的制备技术，制笔新型环保材料等。

建筑材料技术。特种功能水泥及绿色智能化制造，长寿命高性能混凝土，特种功能玻璃材料及制造工艺技术，先进陶瓷材料及精密陶瓷部件制造关键技术，环保节能非金属矿物功能材料等。

2. 战略性先进电子材料

第三代半导体材料与半导体照明技术。大尺寸、高质量第三代半导体衬底和薄膜材料外延生长调控规律，高效全光谱光源核心材料、器件和灯具全技术链绿色制造技术，超越照明和可见光通信关键技术、系统集成和应用示范，高性能射频器件、电力电子器件及其模块设计、工艺技术及应用示范，核心装备制造技术等。

新型显示技术。印刷显示器件与基础工艺集成技术，可溶性 OLED/量子点 /TFT 等印刷显示关键材料与技术，高性能 / 低成本 / 长寿命红绿蓝激光材料与器件技术，激光显示集成技术及关键材料表征与评估技术等。

大功率激光材料及激光器。激光与物质相互作用机制，大尺寸 / 低损耗大功率激光晶体和光纤耦合技术，大功率光纤激光材料和器件，高性能非线性晶体材料，高功率光纤激光，短脉冲激光技术，大功率中红外和紫外激光技术等。

高端光电子与微电子材料。低维半导体异质结材料、半导体传感材料与器件、新型高密度存储与自旋耦合材料、高性能合金导电材料、微纳电子制造用新一代支撑材料、高性能电磁介质材料和无源电子元件关键材料、声表面波材料与器件技术等。

前沿交叉电子材料。大面积二维电子功能材料、柔性电子材料、钙钛矿电子材料及上述材料异质结构的可控制备；有机 / 无机集成电子材料和器件。新型高性能微纳光电器件、自旋器件、隧穿晶体管及柔性可穿戴光电、逻辑器件。

3. 材料基因工程关键技术与支撑平台

构建三大平台。构建以高通量计算平台、高通量制备与表征平台和专用数据库平台三位一体的创新基础设施与相关技术。

研发四大关键技术。多尺度集成化、高通量并发式计算方法与计算软件，高通量材料制备技术，高通量表征与服役行为评价技术，面向材料基因工程的大数据技术。

典型材料重点示范应用。在构建三大平台（示范平台）和突破四大关键技术的基础上，采用计算（理论）/ 实验 / 数据库相互融合、协同创新的研发理念和模式，开展能源材料、生物医用材料、稀土功能材料、催化材料和特种合金材料等验证性示范应用研究。

4. 纳米材料与器件

石墨烯碳材料技术。单层薄层石墨烯粉体、高品质大面积石墨烯薄膜工业制备技术，柔性电子器件大面积制备技术，石墨烯粉体高效分散、复合与应用技术，高催化活性纳米碳基材料与应用技术。

信息电子纳米材料技术。纳米无线传感材料与器件，新型 MEMS 气敏传感材料与器件，可穿戴柔性及苛刻条件服役传感材料与器件等，新一代电子封装用高折射率高导电高导热高耐湿高耐紫外防老化等透明纳米复合材料。

能量转换与存储纳米材料技术。纳米结构控制与组装技术，有机－无机高效复合技术，高选择性高转化率纳米催化材料，高储能密度介电、热电、光伏、二次电池材料、低成本燃料电池催化剂、轻质高容量储氢储甲烷材料、柔性可编织超级电容器电极材料等纳米材料与器件技术。

纳米生物医用材料技术。纳米生物医药材料的结构、形貌可控制备技术，纳米生物医学检测诊断技术，纳米药物与药物智能控释及靶向技术，组织工程支架、纳米再生医学及植入体纳米表面改性技术，高端组织器官修复与替代制品、纳米生物医用材料安全评价及质量关键技术。

传统产业提升与节能减排用纳米材料技术。纳米功能材料低成本绿色可控制备技术，纳米材料高效单分散与应用技术，新一代智能节能、防腐防污表面处理与性能控制的湿化学技术，纳米改性的结构功能一体化复合材料工程应用技术。

纳米加工、制备、表征、安全评价、标准技术与装备。纳米尺度内的光电磁力热等物性测量的新的原理、方法、技术、装备和平台体系。环境中纳米材料演化行为，纳米材料与组织、器官、靶细胞、靶分子安全评估系统。纳米材料标准、纳米材料规模化稳定制备与加工新装备系统。

5.先进结构与复合材料

高性能纤维与复合材料。高性能碳纤维、芳纶纤维、超高分子量聚乙烯纤维、特种玻璃纤维、耐辐照型聚酰亚胺纤维、耐超高温陶瓷纤维、玄武岩纤维等，新型基体树脂、增强织物、纤维预浸料等，复合材料构件成型与应用。

高温合金。超纯净冶炼、缺陷控制、组织调控、复杂及大型构件制备关键技术，变形和铸造高温合金一材多用技术，单晶高温合金和粉末冶金高温合金，特殊用途高温与耐蚀合金等。

高端装备用特种合金。高端特种合金超高纯冶炼与精细组织调控的关键技术，超超临界电站装备用特种合金，高温长寿命低成本轴承合金，高端模具钢材料等。

海洋工程用关键结构材料。超致密、高耐候、长寿命结构材料，海洋工程与装备用钛合金、高强耐蚀铝合金和铜合金、防腐抗渗高强度混凝土、防腐涂料等。

轻质高强材料。新型轻质高强材料的新原理与新技术，先进铝合金、镁合金、钛合金、金属间化合物、高熵合金等轻质高强材料，新型轻质材料 / 结构一体化、智能化、柔性化设计与制造技术。

高性能高分子结构材料。高性能聚醚酮、聚酰亚胺、聚芳硫醚酮（砜）、聚碳酸酯和聚苯硫醚材料，耐高温聚乳酸、全生物基聚酯、氨基酸聚合物等新型生物基材料，高性能合成橡胶等。

材料表面工程技术。隔热、耐磨、减磨、抗氧化、抗烧蚀、抗疲劳等涂层材料，零部件耐磨减磨技术、新型等离子喷涂–物理气相沉积技术、新型延寿表面科学与工程技术。

3D 打印材料及先进粉末冶金技术。3D 打印高温合金、特殊钢、钛合金、轻合金、高分子材料、结构陶瓷，粉末冶金精密零部件，特种粉末冶金近终成型技术及粉末梯度材料等新型粉末冶金材料。

金属与陶瓷复合材料。先进铝基、钛基、铁基等金属基复合材料，金属层状复合材料，碳化硅、氧化铝、氮化硅和氮化硼纤维及复合材料，耐高温陶瓷基复合材料，低成本碳／陶复合材料等。

6. 新型功能与智能材料

新型稀土功能材料。稀土磁功能、光功能、吸波、催化、陶瓷等功能材料及器件，高性能稀土储氢材料、高纯靶材及薄膜、功能助剂等材料及技术，高丰度稀土应用新技术。

先进能源材料。高性能薄膜太阳能电池、锂离子电池、燃料电池等关键材料及工程化技术，电池梯级利用与绿色回收技术，乏燃料后处理技术，先进超导线材、薄膜及器件批量制备，高性能热电和节电等材料及技术。

高性能分离膜。高性能海水淡化反渗透膜、水处理膜、特种分离膜、中高温气体分离净化膜、离子交换膜等材料及其规模化生产、工程化应用技术与成套装备，制膜原材料的国产化和膜组器技术。

智能、仿生与超材料。高性能传感与驱动、气敏、铁性机敏、形状记忆、压电、巨磁致伸缩、热释电、液态金属等功能材料及技术，超浸润调控、离子通道能量转换等关键仿生材料及技术，高性能多功能超材料及技术。

新一代生物医用材料。生物医用新材料及技术，高端医疗植介入器械的国产化原材料及制备关键技术，医学诊疗新材料及磁、光靶向生物材料。

生态环境材料。材料生命周期绿色评价与生态设计，环境友好阻燃材料、净化材料，材料高质化、全生物降解碳中性等工程化技术与示范，失效电子与耐火材料等循环再造技术。

重大装备与工程用特种功能材料。高速动车组用摩擦制动材料，重大海空装备用耐腐蚀自润滑复合材料，航空航天用压电材料及耐蚀和极端温度的含氟密封材料，超级计算机用高效热管理材料及电磁屏蔽材料，核电站非能动智能保护用温度感知高矫顽力磁性材料及组件，电磁弹射安全系统用新型电磁阻尼材料等。

甘肃金川公司调研

2017 年 8 月 11 日，第一次到甘肃省金昌市出差，前往金川公司学习调研。由于时间安排得比较紧凑，早上从兰州坐火车到金昌，午饭后实地了解情况，当晚乘机经兰州飞到成都。此前听过金川集团，主要是协调领导出席公司的科技创新大会（自 1978 年以来已召开 20 余次），虽然路途有点疲惫，但确实是不虚此行。

金川集团因金川镍矿而生，地处甘肃省金昌市，地势较为平坦，海拔 1500 米以上。金川镍矿是著名的多金属共生的大型硫化铜镍矿之一，1958 年发现，分布在龙首山下 6.5 千米长、500 米宽的范围内，镍金属储量 550 万吨，铜金属储量 343 万吨，伴生有钴、铂、钯、金、银、硒等元素。1966 年 3 月，国务院副总理邓小平等领导同志视察金川。1978 年 3 月，金川在全国科学大会上被列为全国矿产资源综合利用三大基地之一。国务院原副总理方毅先后 8 次亲临金川，组织了大规模的科技联合攻关，有力促进了金川公司的技术创新和产品升级。

金属镍（Ni）最早是 1751 年瑞典化学家从红砷镍矿中提取出

来的，1754 年被宣布并命名为 Nickel，但直到 1775 年纯净的镍才被制取出来。镍是银白色金属，具有磁性和可塑性，主要用于合金和催化剂。世界上的红土镍矿分布在南北纬 30° 以内，我国的镍矿主要集中在甘肃、新疆、云南、吉林、湖北、四川。常见的制备方法主要有电解法、羰基化法、氢气还原法等。

在金川集团的调研，是我第一次实地了解材料领域的生产流程，此前尽管也到钢铁企业参观过，但深入程度差别很大，虽然对具体技术参数指标一时无法弄懂，不过感性认识还是很深刻的。一是通过参观公司的史料展览，真切地体会到当年勘探、开发、建厂、兴业的艰辛过程，真心对一代代金川公司建设者的辛勤付出感到由衷钦佩。在地处甘肃西北的艰苦环境下，无论是生活条件还是个人待遇都难与大城市相比，但国家的需求和行业的使命就在这里，尤其是从今天外部环境的变化角度来看，坚守在一线的执着就更显得意义深远。二是始终坚持科技创新不动摇，资源的稀缺性对换取先进技术的吸引力确实不小，而技术攻关的艰巨性、复杂性，特别是关键技术的突破往往"九死一生"，在巨大反差之下，这是基于对国家民族的责任，才能坚持住独立自主、攻坚克难的决心，数十年如一日的不动摇，成就了底气与力量。三是人与生态环境和谐共生。矿产资源开发和材料加工对周围的环境都会产生影响，但粗放式与绿色循环理念的差异相去万里，在不同厂区之间乘车途中，能够明显感受到企业对环境保护的重视，既是对职工和家属负责，也是对子孙后代尽责，虽然短期内必然增加一定的生产成本，但社会效益的倍增更是绿色发展理念的最好实践。

重庆邮电大学调研

　　与重庆邮电大学结缘是之前在信息处工作时，学校派了一位老师（王斌教授）来处里协助工作，之后到了材料处，又是王玉婵老师来帮忙，所以一直就打算去学校看看。2017 年 8 月 30 日，临近暑假的末尾，终于成行。初次到重邮，学校坐落在南山风景区内，层峦叠嶂，绿荫掩映，门口的临街火锅店和特色小吃鳞次栉比（第二天的早饭特别感受了重庆小面的味道），当然校园内还是美不胜收。不过，同一栋楼前门进去是第一层，后门出来可能就是第三层了，从侧面体现了山城的风貌。

　　重邮最早是 1950 年 3 月东川邮政管理局举办的培训班，1959 年，创建重庆邮电学院，1963 年开始培养研究生。"文化大革命"期间，先后改为电信总局 529 厂、邮电部第九研究所，1979 年 5 月复名，2006 年 3 月更名为重庆邮电大学。因以邮电起家，所以重邮在移动通信与信息处理、计算机科学与技术、自动控制、微电子与光电子、光电材料与器件等方向具有一定的基础和优势，学科布局上更加突出了新一代信息技术、物联网、人工智能、信息与网络安全、智慧医疗与健康等特色，在产学研合作、国际合作等方面也进行了积极探索。同时，在光电信息材料、半导体材料等方面的科研与产业化形成了自身的特色。通过与数理学院、光电学院等专家的交流，让我对他们的材料研究有了全新的认识。重庆邮电大学新型半导体材料与器件创新团队长期从事 II–IV 族、III–V 族、金属卤化物钙钛矿等量子点材料及其器件的系统研究，包括量子点显示技术（QD-LCD、QLED、Mini LED）、量子点微激光、光电探测、忆阻器、气敏传感、二氧化碳高效转化利用等，其中量子点光学薄膜技术已经进入中试阶段。

●●● ────────────────────────────────

　　量子点（Quantum Dots，QDs）是由一定数量的原子组成的聚集体。由于量子点粒径较小（1 ~ 20 nm），受小尺寸效应、表面效应、量子尺寸效应等影响，会产生许多宏观材料所不具备的性质。例如，量子点具有良好的光学性质，主要体现在发射峰窄、发光效率高、发光性能稳定且可以反复多次激发等方面。量子点均匀成膜后集成到电致发光器件（LED）中可作为有效的激子辐射复合中心，是应用于固态照明和全色平板显示的新一代发光材料。量子点 LED 与传统的荧光粉 LED 及目前的有机 LED 相比，具有色域广、色纯度高、低功耗、低成本、易加工等优点。除显示和照明外，量子点还有很多其他应用，如智能传感器、新一代存储器、新型激光器、可再生能源高效转化利用、肿瘤细胞诊断与治疗、温室效应气体处理等。

────────────────────────────────

武汉理工大学调研

　　2017 年 10 月 17 日，我前往武汉理工大学调研，学校的袁晓芳、孟磊、贾菲菲老师曾在司里协助工作。学校办学历史可追溯至 1898 年建立的湖北工艺学堂，2000 年武汉理工大学由原武汉工业大学、武汉汽车工业大学、武汉交通科技大学合并成立，是教育部直属高校中为建材建工、交通、汽车三大行业培养人才规模最大的学校，已成为我国"三大行业"高层次人才培养和科技创新的重要基地。目前，学校已形成以工学为主，理、工、经、管、艺术、文、法等多学科相互渗透、协调发展的学科专业体系。

　　在教育部第四轮学科评估中，武汉理工大学材料科学与工程学科与清华大学、北京航空航天大学并列排名 A+，进入世界 ESI 学科排名前 1‰。武汉理工大学材料学科拥有材料复合新技术国家重点实验室和硅酸盐建筑材料国家重点实验室。调研中，主要了解了学校在建筑材料绿色制造与战略性新兴建筑材料、高效能源转换与储能新材料、光纤传感关键材料与技术、新能源和智能汽车关键材料与技术等方面的科研情况，针对梯度复合技术与新材料、原位复合技术与新材料、纳米复合技术与新材料、材料复合原理与材料设计、硅酸盐建筑材料低环境负荷制备、硅酸盐建筑材料的功能设计调控等具体研究方向进行了交流。

●●●────────────────────

　　复合材料是指运用先进的材料制备技术，将两种以上化学、物理性质不同的材料组分优化组合而成的新材料，各组分之间有明显的界面存在，具有很好的结构可设计性。复合材料不仅保持各材料组分性能的优点，而且通过各组分性能的互补和关联可以获得单一组成材料所不能达到的综合性能，克服单一材料的缺陷，扩大材料的应用范围。复合材料的分类方式有多种：可以根据基体材料分为金属和非金属两大类，金属基体常用的有铝、镁、铜、钛及其合金，非金属基体主要有合成树脂、橡胶、陶瓷、石墨、碳等；可以根据增强体材料分为纤维增强复合材料、晶须增强复合材料等；还可以根据使用性能分为结构复合材料和功能复合材料两大类，结构复合材料主要使用其优良的力学性能，功能复合材料主要提供除力学性能以外的其他物理特性，如导电、导热、电磁特性、摩擦等。

─────────────────────────

上海三所高校调研

2017 年 11 月 15—16 日，利用一天半的时间，先后到上海的三所高校调研材料领域工作。按照教育部第四轮学科评估的结果，上海交通大学为 A，复旦大学和华东理工大学为 B+，排名靠前，而且三所高校都经批准启动建设材料"一流学科"。

华东理工大学是 1952 年由交通大学（上海）、震旦大学（上海）、大同大学（上海）、东吴大学（苏州）、江南大学（无锡）等校的化工系合并而组建，原名华东化工学院。在 ESI 的排名中，其化学更突出，当然材料也不错。学校在生物医药、煤气化、石化生产与管理、新材料、高端装备等领域特色突出。

上海交通大学创建于 1896 年，原名南洋大学，1911 年更名为南洋大学堂，1929 年更名为国立交通大学，1949 年更名为交通大学，1957 年经历西迁与分设，1959 年，交通大学上海部分启用"上海交通大学"校名。我们调研的重点是材料学院，其在金属材料、无机非金属材料、功能材料、先进加工制造等方面具有一定优势，交流过程中涉及了高性能镁合金、储氢材料、铝基复合材料、碳铝合金、钛基复合材料、碳纤维复合材料、热管理材料、超高强度钢、钙钛矿太阳能电池等具体技术方向。

复旦大学原名复旦公学，建于 1905 年，1917 年定名为复旦大学，2000 年与上海医科大学（1927 年创办的国立第四中山大学医学院）合并。在 ESI 的排名中，化学、材料科学、临床医学、药理学与病毒学优势突出。在调研中，围绕基于中子光源的先进功能材料、柔性织物显示、稀土发光材料、第三代半导体材料、肿瘤免疫治疗高分子材料、二维材料等进行了座谈。

最早了解上海的科技创新，是 2007 年部党组重大专题调研时，围绕上海的经济又好又快发展实地了解情况。此后在 2010 年，结合上海张江创建国家自主创新示范区，深入调研了在沪的企业、科研单位。此行是真正意义上第一次到上海的高校学习调研。如前所述，三所高校在材料领域及相关学科方面的成绩斐然，科研实力突出，而且从基础研究到技术创新再到工程化实践都有很多探索与成效，尽管各自擅长的领域有所不同，但在做法和经验上也有一些不谋而合之处。一是背靠高校的学科与人才优势，三所高校几乎都是理工文史兼备，不同专业、不同学科之间的交叉融合随处可见，或许在去食堂的路上材料与制造领域的老师就可以完成融合创新了，而且每年一批的大学新生就是最好的生力军，18 岁的创新力量总会迸发出新的思想火花，这或许就是高校在基础学科与基础研究上不竭的创新动力与潜力。二是依托上海开放型的对外合作优势，国际科技交流都是 3 所高校的靓丽名片，而上海国际化大都市的魅力又为科技合作平添了绚丽的色彩，依托人员往来的便利和城市的国际吸引力，人员双向往来的密切也是我们时刻站在国际科技前沿的保障。三是面向国内大市场的应用场景，材料领域从论文到应用，既可以是正向演进，从研究成果出发找到适合的转化路径，也可以是需求导向，通过产业和市场倒逼技术的突破。因此，三所高校都把目光投向了国内的战略性新兴产业和重点地区，不断地将科技创新优势转化为区域经济发展的新引擎。此后，还专门到上海交大在包头的研究院和基地调研了高校科研优势支撑稀土产业发展的情况。

北京两院所调研

2017 年 11 月 17 日，有机会到我国钢铁和有色行业的龙头科研院所进行调研，心情很不平静。一方面，我在东北大学读书时，曾经对这两家单位有所耳闻，而且毕竟都是原冶金部系统的单位，我学习的自动化专业也更偏重于冶金流程工业的自动控制，所以有些感性上的体会；另一方面，从我国工业行业创新发展的角度来看，钢铁、有色等领域面临的产业转型升级要求十分迫切，将原材料产业转向新材料产品的需求更为迫切，这其中更加显示出行业共性技术的作用，对转制类行业科研单位也提出了新的诉求。于情于理，让我对这次调研非常期待。

钢铁研究总院隶属于中国钢研科技集团公司（2006 年 12 月由原钢铁研究总院和冶金自动化研究设计院合并组建）。1952 年 11 月，钢铁研究总院创建，1973 年 10 月，冶金自动化院成立。组建钢研科技集团后，2012 年 5 月，重组钢研总院（中央研究院）。在调研过程中，参观了钢研集团的展厅，座谈中围绕合金钢、高温合金（变形、粉末、铸造、金属间化合物）、金属功能材料、粉末冶金材料等听取了专家的情况介绍。

有色金属研究总院的前身是 1952 年组建的有色金属工业试验所，1958 年扩大为有色金属研究院，1979 年更为现在的名称，在微电子光电子材料、稀土、有色金属粉末、特种材料、检测与科技服务等方面形成了核心业务，探索了研究开发和成果转化双轮驱动的有效模式。调研主要聚焦在稀土资源开发与新材料应用等方面。

●　●　●

高温合金是指以铁、镍、钴为基，能在 600 ℃以上的高温及一定应力作用下长期工作的一类金属材料，具有优异的高温强度、良好的抗氧化和抗热腐蚀性能、良好的疲劳性能和断裂韧性等综合性能，且合金化程度较高，又被称为"超合金"。高温合金已成为决定发动机技术发展进程的关键因素，此外，随着高温部件应用的日益增多，高温合金的应用也随之拓展到舰船、火力发电、核能、化工、冶金、玻璃制造等领域。从20 世纪 30 年代后期起，英、德、美等国就开始研究高温合金。第二次世界大战期间，为了满足新型航空发动机的需要，高温合金的研究和使用进入了蓬勃发展时期。40 年代初，英国首先研制成第一种具有较高的高温强度的镍基合金。同一时期，美国为了适应活塞式航空发动机用涡轮增压器发展的需要，开始用 Vitallium 钴基合金制作叶片。此外，美国还研制出 Inconel 镍基合金，用以制作喷气发动机的燃烧室。为进一步提高合金的高温强度，在镍基合金中加入钨、钼、钴等元素，增加铝、钛含量，研制出一系列牌号的合金，如英国的"Nimonic"、美国的"Mar-M"和"IN"等；在钴基合金中加入镍、钨等元素，发展出多种高温合金，如 X-45、HA-188、FSX-414 等。

　　稀土元素主要是指元素周期表中原子序数为 57 ~ 71 的 15 种镧系元素和与镧系元素化学性质相似的钪、钇共 17 种金属元素。从 1794 年发现钇到 1947 年发现钷，历时 150 多年。一般分为轻稀土（镧、铈、镨、钕、钷、钐、铕）和重稀土（钆、铽、镝、钬、铒、铥、镱、镥、钪、钇），也有把其中的钐、铕、钆列为中稀土。稀土元素具有特殊的电子能级，利用其优异的光、磁、电、声、热性能，可以开发出具有优异功能特性的材料和器件。我国稀土资源主要分布在内蒙古（包头混合型稀土矿）、江西（赣州离子型稀土矿）、四川氟碳铈矿。由于 17 中稀土元素的性质相近，所以分离难是最大的问题，从原矿到精矿再到单一稀土氧化物（制备发光、催化、晶体、陶瓷材料）、稀土盐类（制备金属、合金材料），基本上就是稀土开发的流程，呈现生产绿色化、过程智能化、产品高值化、资源循环化的特点。从稀土材料应用的方向看，磁性材料应提升磁体综合性能，光功能材料聚焦用稀土元素激发发光，催化材料需开发在石油裂化、汽车尾气净化、工业脱硝方面的应用。同时，也应重视高纯稀土氧化物、稀土陶瓷材料的制备。针对高丰度稀土元素过剩的问题，在新材料开发和评价上应当有所应对。

2017 年度处内务虚会

　　到处里工作了大半年，临近年底，既为了准备司里务虚会的发言素材，又想对处里的工作回顾交流一下，在请示了几位司领导之后，2017 年 12 月 18 日下午召开了全处的务虚会，秦司长、曹司长、周司长出席。处内的各位同事先发言，刘俊同志重点汇报参与碳纤维、高温合金、参数库平台等工作的体会，谈了"一代材料、一代装备、一代产业"的认识；孟磊同志围绕稀土、材料基因组的调研和工作，提出了完善项目考核评价机制的建议；玉婵同志发挥在电子材料方面的自身优势，针对第三代半导体、新型显示提了建议，讲了青年人才培养和成长的想法；冬雨同志重点汇报的是材料科技强国、应用技术研究、科研基地建设、企业家精神和工匠精神等方面的体会和认识；志农同志上半年牵头处内工作，所以系统地谈了对材料领域的全面思考和建议。3 位司领导从不同角度提了要求，既肯定了处内一年来的工作，又提出了更加明确的要求。

　　我当时的发言主要是从学习贯彻党的十九大精神出发，结合由信息与空间领域转到材料领域的变化，汇报了个人想法。要响应新时代，深刻领会党的十九大在我国经济社会发展关键时期做出的战略判断和重大决策部署，特别是体系能力的全面转型升级，材料领域面临着新的使命和任务；要顺应新形势，准确把握国际经济、科技、产业发展的新趋势，尤其是新技术、新范式、新业态带来的潜在颠覆性影响，主动适应外部环境变化（今天看来，当时的国际科技合作环境总体上还是积极的）；要呼应新需求，充分发挥材料技术对人民美好生活向往的支撑作用，促进生物医用材料、农业化肥、建筑材料等技术攻关和转化应用；要适应新改革，不断深化探索实践，用制度化保障实现敢于担当、用建制化力量服务敢于担当、用持续化能力支撑敢于担当。

在务虚和充分交流的基础上，面向 2018 年工作，全处形成了"1314"的基本思路。（尽管很多内容没来得及实现，但也饱含了我们对材料领域工作的心血与付出。）

"1"即面向 2035 年的材料科技发展战略，当时处内同志集思广益创造了一个缩写"MAGIC 2035"，即 Material Action Guideline-Innovation in China 2035。如果到 21 世纪中叶我国成为世界科技强国的话，那么从材料技术发展及其对相关技术与产业带动效应的延迟性来看，2035 年应该率先建成材料科技强国，所以"MAGIC 2035"的出发点就是加强战略研究，分析研判未来十几年材料技术的发展趋势，凝练形成重点任务，尤其是对其他技术具有带动作用和潜在颠覆性的方向。遗憾的是，2018 年开始，面对中美贸易摩擦的形势变化，处内的人手和经历实在顾不过来，加上到 7 月之后已经在布局新一轮中期科技规划的前期工作了，这个想法没能落地。

"3"即 3 项行动，主要是结合"十三五"国家重点研发计划中材料领域启动的 3 个重点专项的实施和 863 计划、科技支撑计划的收尾，在材料基因组、基础材料"原产地"升级、卓越人才 3 个方面开展行动。其中，材料基因组因为有专项支持，当时的着眼点主要是标准兼容、数据共享，希望促进各个具体方向的协同；基础材料聚焦钢铁、有色、石化、轻工、纺织、建材等行业，力图通过技术进步带动资源型地区的材料加工本地化；卓越人才瞄准中长期材料人才规划的实施，通过 2010—2020 年，在战略科学家、领军人才、青年人才、科研团队等的培养上有所突破。3 项行动的前期基础较好，基本也进入了具体方案编写阶段。

"1"即打造一个学术交流品牌，其背景是当年教育部启动了"双一流"建设，其中将材料学科作为"一流学科"建设的有 30 所高校，而且全国高校中设立材料学院的数量也很多，因此，当初设想搭建一个学科层面的交流平台，以高校材料学院院长为基础，邀请相关科研机构和企业的专家，聚焦前沿和基础研究方向进行学术讨论，以期为"十四五"时期乃至更长阶段全国材料技术的布局提出前瞻性的意见，为此还起了一个有意思的名字——"材思锋汇"，寓意材料科技思想的先锋交汇，先锋既指高水平的科学家，又指交流的内容是最前沿的方向。

"4"即工作手段的 4 个组团：计划专项、科研基地、产业载体、战略智库。资金项目是科研的支撑，重点实验室、技术创新中心、工程技术研究中心等基地具有显著的集聚优势，而且在人才吸引、科研条件等方面带动效应明显，产业载体主要集中在高新区、产业化基地，是材料技术成果向现实生产力转化的重要依托，而且通过产业中凝练的需求还能促进技术的研发，加之大众创业万众创新的孵化器、科技园、生产力促进中心，更对成果应用产生积极影响。当时之所以提出战略智库，是因为在处内具体工作中发现，科研单位和领域专家对技术的研究、判断、把握都很在行，但对行业数据统计、发展模式比较、与经济学等领域的融合等问题涉猎较少，因而希望能够发现并培育一批专业化的材料领域高端智库。

云南材料基因组联合调研

2011 年 6 月，美国总统奥巴马宣布启动先进制造业伙伴关系（Advanced Manufacturing Partnership，AMP）计划，材料基因组计划是其中的重要组成部分。材料基因组计划（Materials Genome Initiative，MGI）旨在改变新材料研发的传统"试错法"模式，充分发挥信息技术的优势，加强计算、实验、表征的协同联动。美国政府在 2012 年支持了 1 亿美元，2014 年达到了 6 亿美元，在研发文化，协同实验、计算和理论，材料大数据，人才培养等方面重点推进。2015 年，5 个政府机构、38 所大学、39 家企业、11 个学会参与。国内对此关注度很高，"十三五"期间启动了材料基因工程关键技术与支撑平台重点专项，围绕新材料"研发周期缩短一半、研发成本降低一半"的目标，聚焦高通量计算、高通量实验、专用数据库等关键技术，推动新材料研发由"经验指导实验"的传统模式向"理论预测、实验验证"的新模式转变。在任务布局方面，构建三大创新平台（高通量计算、高通量制备与表征、专用数据库），研发四大关键技术（多尺度集成化高通量计算方法与计算软件、高通量材料制备技术、高通量表征与服务行为评价技术、面向材料基因工程的材料大数据技术），在能源材料、生物医用材料、稀土功能材料、催化材料和特种合金等方面开展验证性示范应用。这也是"十三五"材料领域新增的重要方向。

2018 年 1 月 5 日，在云南昆明召开了专题研讨会，主要目的是推动省级科技部门针对地方特色材料行业开展材料基因工程。云南省科学技术院首先介绍了推进稀贵金属材料基因工程的基本考虑，体现了云南的产业特点和工作切入角度，北京、上海、广东、江苏、黑龙江、宁波等省市科技部门的领导做了发言，既对材料研发的新范式给予关注和认可，又结合地方实际提出了需求和建议。此后，邀请了北京科技大学的老师给处里做过专题科普讲座，实地到中科院宁波材料所进行了调研，在相关高校和科研单位调研时也有针对性地听取了各方面的意见。从我个人的认识来看，材料基因工程的出发点有很清晰的颠覆性色彩，就是对原有研发范式进行颠覆，同时兼容并蓄了信息技术（如大数据、高性能计算、人工智能）和先进制造技术（实验设备的数字化制造）的最新成果，所以在理念上和思路上的前瞻性很突出，但确实也面临着新挑战，如基因数据的标准兼容，知识产权界定，理论计算结果、实验结果与实际服役结果是否存在一致性和稳定性。当然，如果数据或者样本量足够，已有材料服役规律的数字化实现等都能解决，或许这些问题就迎刃而解了。尽管万事开头难，但新的方向总需要探索和坚持，所以，很是佩服默默无闻一辈子专注一件事的科技工作者。

青海调研

第一次跟着"材料领域"出差就是去青海,坐飞机到西宁,坐汽车赶到格尔木,调研的是盐湖资源开发利用。转眼十多年,2018 年 1 月 16 日,又来到西宁,实地了解青海特色产业的科技创新情况。

盐湖通常是湖水含盐度大于海水平均盐度的湖泊,其中已知的盐类矿物有 200 种左右。我国的盐湖主要分布在青海,茶卡盐湖、察尔汗盐湖、东台吉乃尔盐湖、西台吉乃尔盐湖、一里坪盐湖遍布其中,估算的潜在价值近 100 万亿元。例如,察尔汗盐湖面积 5800 多平方千米,钠盐储量 555 亿吨,钾盐 5.4 亿吨,镁盐 40 亿吨,锂盐 1200 万吨。而且,盐湖开发的途径相对丰富,有学者指出,柴达木盆地是世界上唯一可以靠日照蒸发获得六水氯化镁晶体的地方。

针对青海盐湖的资源特点,形成了"走出钾、抓住镁、发展锂、整合碱、优化氯"的思路。由于青海钾的生产能力处于全球领先地位,产品主要有钾肥、硝酸钾、氢氧化钾、碳酸钾等,因此在开发和利用技术方面相对成熟,所以座谈交流时更加关注如何解决镁和锂的问题。一是镁系合金开发技术,镁的制备主要是电解法和皮江法,制备每千克镁的二氧化碳排放量分别是5.8克、25.6克。镁材料的主要问题是强度低、塑性差、易腐蚀。二是盐湖提锂技术,主要工艺路线是膜法、萃取法、吸附法,3种工艺路线不能简单比较优劣,需要根据盐湖资源禀赋的条件,如锂浓度、盐湖类型、镁锂比等,选择最佳的方法,其开发的关键难题是如何解决氯的综合利用问题。从资源储量上看,全球锂的储量为1300万吨,其中,美国、智利、澳大利亚、阿根廷和中国的储量较大。三是青海的清洁能源丰富,水电占50%,太阳能、风能占30%,对盐湖资源开发能够提供绿色能源支撑,相应地也减少了二氧化碳排放。

从调研情况看,青海盐湖资源的利用关键在于:一是资源材料化,如何通过延长产业链来拓展价值链,把镁锂等资源变成材料和产品,如镁合金在航空航天、汽车领域的应用,锂材料在电池领域的应用,而且能源中绿色清洁能源的占比又很高,创造良好的环境或许能够引来高新技术的龙头企业;二是开发多元化,在钾、镁、锂之外,铯、铷、溴等资源的开发利用仍有很大的空间,关键是找准市场切入点和核心产品,提高资源利用效率;三是布局生态化,立足青藏高原的绿水青山禀赋,在资源开发过程中坚持生态优先的原则,探索适合盐湖可持续开发利用、环境友好的绿色发展模式,推进绿色低碳技术的耦合应用,实现产业与生态环境的和谐共生发展。

固态锂电池技术。与锂离子电池和锂离子聚合物电池不同，固态锂电池技术采用锂、钠制成的玻璃化合物为传导物质，取代以往锂电池的电解液，大大提升锂电池的能量密度。全固态锂电池电解质具有高机械强度、不可燃等特点，理论上具有更高的安全性和可靠性。同时拥有较宽的电化学稳定窗口，可与高电压的电极材料配合使用，有望实现高功率和高能量密度电池。在众多性能参数中，最引人注目的是能量密度和安全性。传统锂离子电池采用含锂的层状氧化物或磷酸盐作为正极材料，石墨作为负极材料，使用有机液体作为电解液。其工作机制为锂离子在正负极材料中往复穿梭充放电而实现能量转换与存储。锂电池的理论能量密度受限于电极材料中可容纳锂离子的空间，实际情况中随着电池行业技术的进步与发展，电池单体的能量密度已逐步逼近该理论值。随着对金属锂与电解液的反应机制认知的不断加深，固态锂电池采用不可燃的无机类固体电解质取代了有机液体电解液，具有高安全、长寿命、不漏液等一系列优点。固体电解质与金属锂负极副反应较少，搭配制造成的固态锂电池有望实现较高的能量密度。但是由于其缺乏流动性，固固接触形成的电解质金属锂界面普遍存在接触面积小、离子传输慢、阻抗大等缺点。

广东省材料实验室调研

2017 年 12 月，广东省科技厅印发《广东省实验室建设工作指引》（粤科基字〔2017〕189 号），高起点、高标准推进广东省实验室建设，提升原始创新能力，加快创新型省份建设。省实验室建设以瞄准国家实验室落户广东为主要目标，加强面向国家重大战略需求的基础研究，紧紧围绕全国全省重大科学问题、产业转型升级和战略性产业、新兴产业发展对战略前沿技术、核心关键技术、颠覆性技术的研发和转化应用的需要，在人口与健康、网络信息、材料科学与技术、先进制造、海洋科学、环境科学等领域分步骤建设省实验室。时隔一年之后，2018 年 12 月，中央经济工作会议指出，要增强制造业技术创新能力，构建开放、协同、高效的共性技术研发平台，健全需求为导向、企业为主体的产学研一体化创新机制，抓紧布局国家实验室，重组国家重点实验室体系。

在广东省率先启动网络空间、新材料、再生医学与健康、先进制造 4 个省实验室之际，2018 年 1 月 25 日，我专门到广东省科技厅进行调研，由于是早上的航班，中午就到了广州，下午开会前还在省厅旁边的中山纪念堂散了散步。省科技厅基础处介绍了文件的背景和基本考虑，材料实验室的筹建单位交流了前期工作进展和启动建设的思路，对我们推动材料领域的国家级科研平台建设很有启发，也引发了进一步的思考。一是能干的人放在能干活的位置。国内目前的科研基础条件和经费支持达到了一定的水平，但是如何能够选对人并给予充分的支持。客观来讲，每个人的科研精力都是有限度的，因此经费也不是越多越好，在能力范围内能否"吃饱"是关键，要在科学家有意愿从事科研工作的时候能够保证资金和条件的支持，而不是因资历与"帽子"形成资源的固化。二是十年冷板凳如何坐。科研工作很艰苦，需要一种执着与情怀，从心底乐于去坐冷板凳，耐得住寂寞（当然，未必是清贫）。但是，建立怎样的用人评价机制来保证冷板凳一直能让科学家去坐呢，多长时间的评价周期、怎样的评价方式，才能客观反映冷板凳继续下去的价值，才能客观判断科学家在冷板凳上没有荒废时间。三是坚持平等开放的学术氛围。数学领域的菲尔兹奖要求获奖者在当年元旦前不超过40岁，诺贝尔奖大部分得主的获奖成果也大致是在40岁之前取得的，所以年轻科研人员如何获得持续稳定的支持，一直是实验室所要关注和解决的。能否真正破除内部的论资排辈，小到会议室、仪器设备的使用，大到学术观点、研究方向的争辩，解决现实中、思想中的等级观念才能让年轻人敢于创新。奖掖后学容易，甘当人梯更难。要让年轻人自由地做事，敢于直面科学难题，毫无后顾之忧地勇往直前。

南京工业大学调研

处内熊森老师是从南京工业大学来协助工作的，所以一直打算到该校调研学习。2018年2月2日终于成行了，我在往返的航班上各写了一首词，收在文末。

南京工业大学由原南京化工大学与原南京建筑工程学院于2001年合并组建而成，秉承"顶天立地"的科研发展思路，形成了鲜明的产学研特色。设有28个学院，各类在校学生3.5万余人。拥有一级学科博士学位授予点6个、一级学科硕士学位授予点22个，本科专业91个，跨工、理、管、经、文、法、医、艺、教9个学科门类。化学、材料科学、工程学、生物学与生物化学4个学科进入ESI全球前1%，其中化学学科进入ESI全球前1‰。学校现有教职工3000余人，拥有高级职称人员1400余人，其中两院院士9人、国家级人才132人，国家级高层次人才团队13个。学校设有材料化学工程国家重点实验室、国家特种分离膜工程技术研究中心等国家级科研平台6个，省部级研究平台51个。

在教育部第四轮学科评估中，材料科学与工程在172所高校中位列前茅，为B+类。学校大力推进化工学科与材料学科的交叉发展，在全国率先提出材料化学工程学科方向，2007 年获批建设材料化学工程国家重点实验室，形成了"材料结构与传递现象、材料制备的化学工程方法、材料的化学工程应用"3 个研究方向，取得了一批标志性成果：建成了全球首套膜法制浆尾水零排放工程，以科技创新解决了突发群体事件，为国家污水资源化利用的重大需求提供了成功范例；研发出生物基材料用于"超级杂交水稻"专用肥，全国每 6 袋复合肥中就有 1 袋采用其技术；研制的多种关键零部件材料成功应用于航天领域。2015 年以来在 *Nature*、*Science* 上发表论文 7 篇，获国家技术发明奖二等奖、国家科技进步奖二等奖 4 项。

此行重点了解膜材料发展的前沿方向。高性能膜材料是新型高效分离技术的核心材料，已经成为解决水资源、能源、环境等领域重大问题的共性技术之一，在促进我国国民经济发展、产业技术进步与增强国际竞争力等方面发挥着重要作用。高性能膜材料的应用覆盖面在一定程度上反映一个国家过程工业、能源利用和环境保护的水平。

膜材料是利用材料微观结构和表面性质实现物质高效分离的关键战略材料，成为解决人类面临的能源、水资源、环境、健康等领域重大问题的共性技术之一。主要可分为无机膜、有机膜、有机无机复合膜等，包括微滤、超滤、纳滤、反渗透、气体分离、渗透汽化、膜反应器、膜蒸馏、膜萃取等典型过程，在一定程度上反映了一个国家过程工业、能源利用和环境保护的水平。

我国是世界上膜技术发展最活跃、膜市场增长最快的国家之一，建立了较为完善的创新链和产业链，呈现高性能、低成本及绿色发展的趋势，在保障水安全、减少环境污染、促进生命健康方面的作用日趋显著。

浣溪沙

黔岭梅霜腊九冬，
雏鹰置喙赴机戎，
云拨始望锁关丛。

八桂泥融喜春垄，
暮钟晨鼓五千隆，
溪潺轻沥往岁嵘。

浣溪沙

年少躬耕泾渭田，
初出砥砺井冈寒，
云怡解惑北航圜。

十九鸿鹄夏鸢绽，
位卑无忘治平虔，
溪绵徐润沈水宽。

广西调研

2018年2月5日，我到广西南宁调研原材料产业技术创新情况，实地参观了南南铝加工公司，与相关企业、高校、科研机构进行座谈交流。广西在有色金属领域的资源优势明显，锑储量全国第一，锡和离子型稀土储量全国第二，独居石储量全国第三，钨和铝储量全国第四，锌和银储量全国第五。2016年，广西壮族自治区出台了《广西推进有色金属工业调结构促转型增效益的实施方案》(桂政办发〔2016〕151号)，着力打造铝、铜、镍合金、锡、铅锌、锑、稀贵金属、稀土金属等协同发展、绿色发展、创新发展的新格局，产业上布局白色生态型铝产业示范基地、南宁柳州贺州高端铝材加工基地、河池生态环保型有色金属产业示范基地、沿海铜镍有色金属原料加工基地、桂东南桂西南稀土产业基地，明确推动体制改革和技术创新。

有色金属狭义上又称非铁金属，是铁、锰、铬以外的所有金属的统称，广义的有色金属还包括有色合金。通过调研交流，对我们厘清科技支撑有色产业发展提供了重要借鉴。有色金属工业是重要的基础原材料产业，是实现制造强国、促进新兴产业成长、加强国防工业建设的重要支撑。开发质量稳定的大宗和稀有有色金属高端材料，聚焦高性能轻合金材料、高精度高性能铜及铜合金材料、新型稀有 / 贵金属 / 稀土金属材料、高品质粉末冶金难熔金属材料，以及硬质合金和涂层材料等高端有色金属产品，提高材料质量稳定性，降低产品综合成本。突破制品精深加工及工程化应用关键技术，以目标产品倒逼技术攻关，实现"新材料—新制造技术—工程化应用技术"同步一体化设计与开发应用。开展互联网与工业大数据的制品全流程精益制造、产品开发与定制化服务技术，实现制品全流程制备加工的工业大数据获取、迭代和积累。加快绿色制备技术与装备推广，构建科技含量高、资源消耗低、环境污染少的绿色生产体系，推进行业绿色发展。

浣溪沙

昔甲申科技稚芽，
云高眺枕旦新发，
溪综汇计露微华。

言信行坚慕空雅，
百材成器料寰家，
合戌戍履悦午霞。

浣溪沙

泉涌梦徜水镜畿，
溪源觅径措中堤，
合松暖覆雪莺啼。

云守秋成挽莲蒂，
百鸾新首倚兰枝，
集足一力策骥骐。

基础材料联合调研

根据年初处里的工作考虑，围绕基础材料转型升级和质量提升的方向，2018 年 4 月 10 日，我们在哈尔滨邀请部分省级科技部门进行联合调研座谈，交流讨论区域重点产业的技术创新思路与措施。在交流过程中，与会的省级科技部门领导分别介绍了黑龙江的石墨资源、青海的盐湖资源、广西的铝产业、云南的稀贵金属、江西的稀土和钨、宁夏的稀有金属、甘肃的镍钴铜、内蒙古的稀土等方面的已有做法和下一步打算，对我们工作的启发很大。

纺织行业是我国传统支柱产业、重要民生产业和创造国际化新优势的产业，是科技和时尚融合、生活与产业并举的产业。纺织材料是满足民生和国民经济相关领域需求的重要基础材料。未来需要加快纤维新材料技术升级力度，进一步提升通用纤维的高性能化、功能化水平，聚焦碳纤维、对位芳纶等高性能纤维及其复合材料，提高性能和质量稳定性。突破高性能产业用纺织材料织造、成型、多工艺复合、功能化后整理等技术，研制纤维基结构增强材料、土工建筑材料、过滤材料、生物医用材料、柔性复合材料。发展服务民生的功能纺织材料,开发出长效阻燃、热湿舒适、高保形等功能纤维及纺织材料,提升面料档次和附加值,满足人们对时尚、健康、舒适、防护等功能性纺织材料的需求。发展高效环保的印染前处理、染色印花和功能性后整理技术及纺织材料相关高端装备。加快纺织与新材料、生物、环保、信息等技术的交叉融合,促进高技术纺织材料在工程领域的应用和示范。

我国石化工业整体技术水平显著提高,装备条件大为改善。在原油加工、乙烯、芳烃、煤化工、基本有机原料、合成材料等方面取得一批重大关键技术突破。但同时,国内石化工业结构性矛盾依然突出,存在低端产品产能过剩、高端产品比例低、战略性新业务缺乏竞争优势等诸多问题,产品质量控制、安全环保等技术水平有待提高。需要加强催化过程、微化工过程、分离工程、系统工程等基础理论研究,深化分子模拟与计算、原位动态表征、虚拟现实过程等技术研究,突破绿色制造、智能制造关键技术,提高原油加工、基础化学品、精细化工、生物化工、合成材料、新材料等领域全流程的研究水平。以提高炼油产业的资源利用效率和清洁生产为发展方向,加快突破和提升石油加工技术。开发基础化学品系列化制备技术、高端化学品高质量合成技术、化工新材料技术。

2018 年新材料高级研修班

2018 年 5 月 27 日至 6 月 2 日，材料处在山东威海承办了全国新材料专业技术及管理人才能力建设高级研修班，该班次被列入人力资源和社会保障部的"专业技术人才知识更新工程 2018 年高级研修项目"。威海科技局在司里挂职的刘俊同志身兼两职，山东生产力促进中心（我国第一家生产力促进中心，1992 年成立）承担具体工作，来自哈尔滨理工大学的庞海军老师代表处里全程跟班。本期研修班采取了专家授课、现场教学、现场答疑、材思锋汇—学员论坛、交流发言等多样化的授课研讨形式，融政策性、知识性、理论与实践相结合于一体，课程安排上聚焦新材料领域发展热点及趋势，围绕材料产业技术创新、膜产业技术创新、高温合金产业技术创新、新型显示产业技术创新、激光产业技术创新、稀土产业技术创新等热点邀请国内专家授课，组织学员们到威海市部分新材料重点企业——哈工大创新创业园、万丰镁业公司、威高集团进行了现场观摩和学习。

5 月 29 日下午，培训班专门安排了材思锋汇的交流环节，现场听取了学员们的想法和意见建议，得到了很多收获。一是新材料产业的基础性地位与作用。2015年10月，习近平总书记在参观曼彻斯特大学国家石墨烯研究院时明确提出"新材料产业必将成为未来高新技术产业发展的基石和先导"，这为我们发展新材料产业指明了方向。无论是对一个国家还是对一个地区来讲，抓住了新材料产业，实际上就抓住了未来经济增长"引爆点"，将有力促进科技创新和产业升级。材料产业是其他各产业的基础，材料创新也是各领域创新的先导，必须重新思考和定位科研发展目标、厘清科研发展理念、构建相适应的科研组织模式。二是"一代材料一代装备"的理念。材料设计理论与计算理论等新思潮、新概念层出不穷。总体上看，我国材料科技创新的国际影响力正在不断增强，一些先进的技术已开始逐步渗透到我国材料工业发展中，整体水平与发达国家的差距不断缩小，虽然还是以"跟跑"为主，但在一些领域已经进入"并跑"阶段，少数领域已经开始向"领跑"转变；我国材料科技整体水平正从量的增长向质的提升转变，正在进入由跟踪为主转向"三跑并存"、由"大"变"强"的历史新阶段。三是中兴事件敲响了警钟，我国在芯片、发动机等领域仍然较欧美等发达国家和地区存在较大差距，材料的产业技术创新也要有所作为。补短板，兵临城下只能背水一战，丢掉幻想才能亡羊补牢，在重大工程、战略产品上要有自主可控的能力；建优势，关键核心技术是永远买不来的，国际科技和产业分工决定了不可能闭门造车，要在战略必争领域争取一席之地；强能力，打铁还需自身硬，关键是能够一直打下去、高水平地打下去，这就需要不断地强筋健骨、苦练内功、接续传承。

● ● ● ————————————————————————————

　　高性能纤维复合材料。纤维增强复合材料是由一种或多种增强纤维材料与基体材料经过缠绕、模压或拉挤等成型工艺而形成的复合材料，具有比强度高、比模量大、可设计性强、抗腐蚀性和耐久性能好等特点，广泛应用于国防和民用领域。碳纤维最大的应用市场是航空航天和国防，约占40%，到 2030 年，汽车将成为主要市场，达到与前者相当的规模。对位芳酰胺纤维最大的用途仍是光缆、防弹和橡胶制品。在超高相对分子质量聚乙烯纤维制备技术上有重要突破，使防弹性能提高 25%，而重量下降 20%，并应用于人体医疗领域。聚酰亚胺纤维无论作为耐热纤维，还是作为高强高模纤维在我国都有重要进展，其中碳化硅纤维开始迈向产业化，玄武岩纤维已迈入世界先进水平，但中间相沥青碳纤维、聚苯并双咪唑纤维和聚芳酯纤维则产业化步履艰难。

————————————————————————————

材料领域部分工程技术研究中心交流会

20世纪80年代初期，美国认为其工程化能力减弱，决定在大学组建工程中心，1985年正式启动。80年代后期，国家计委启动了国家工程研究中心建设，1991年，国家科委在国内外调研和征求十几个相关部门意见的基础上，决定加强对行业关键共性技术的工程化研究开发，提高其科技成果配套化、集成化水平，在行业中具有技术、人才、装备等优势的科研院所、科技企业、大学组建国家工程技术研究中心，推动其成为行业科技成果的集聚地和工程化成果的扩散源，其本质定位就是科技成果系统化、配套化、工程化，实现"不成熟"成果的熟化。1992年年初，国家科委批准的第一批国家工程技术研究中心正式启动，主要集中在工业领域，分3批组建了34家。在组建过程中，充分利用依托建设单位的技术和设备优势，边筹建、边开发，聚焦科技成果的工程化与配套化，加强技术开发和辐射带动。2001年8月，科技部专门出台了《关于"十五"期间国家工程技术研究中心建设的实施意见》，明确了"创新、产业化"的建设方针，着力探索科技与经济结合的新途径，加强科技成果向生产力转化的中间环节，促进科技产业化。至"十二五"末，累计支持建设了 300 多家中心，其中材料领域有 60 多家。

为适应科研基地改革的总体部署，2018 年上半年陆续采取按照细分领域联合调研的方式，组织材料领域的工程技术研究中心开展交流，由于时间原因，我只参加了最后一次的会议——6 月 14 日在重庆的联合调研座谈。11 家工程技术研究中心做了交流发言，钢研科技的非晶微晶合金中心成立于 1996 年，重点是非晶、纳米晶新材料的体系化研发；哈尔滨玻璃钢研究院的树脂基复合材料中心，1992 年获批，重点是碳纤维、芳纶纤维；上海科学院的半导体照明应用系统中心，2011 年组建；中电科 55 所的平板显示中心，1992 年组建，聚焦新型显示技术；华东光电技术研究所的特种显示中心、福建物构所的光电子晶体材料中心、南昌大学的硅基 LED 中心、武汉钢铁公司的硅钢中心、风华高科的新型电子元器件中心、重材院的仪表功能材料中心、东材科技的绝缘材料中心都做了情况介绍；黑龙江、安徽、重庆、广东、福建、湖北科技厅的领导分别介绍了省内的科技基地平台情况。

类似的专题工作交流会并不鲜见，但是对材料领域的科研基地平台来说却是一次系统思考的过程。工程技术研究中心经过 30 多年的发展，期间也经历了相应的改革和调整，可是究竟如何做好"中试""熟化"，乃至之后屡被提及的共性技术，依然是材料科技发展的瓶颈之一。一方面，对于创新链中间环节的技术，高校缺乏意愿（因为评价的重点并不在工程化），企业缺少热情（失败的风险高，而且有些技术还可能要重新进行理论分析），资本市场对此心存疑虑，即便是成功了，退出的过程也相对漫长；另一方面，投入产出未必划算，如何客观评价技术熟化的真实价值，其实是由两个因素决定的。简言之，工程中心的收益是熟化后转移给下游企业的收入与熟化前从高校院所转入时的支出，两者之差，关键问题是转入与转出要进行两次技术评价，而评价的主要方式其实是议价，也就是与高校院所谈"论文"值多少钱，与企业谈"专利"值多少钱，难度可想而知。最近十几年对这方面的探索与改革还是有很多案例的，从材料领域的角度看，江苏省在产业技术研究院的模式与机制上有一些心得。

北京化工大学调研

2018年6月26日，我到北京化工大学调研。北京化工大学原名北京化工学院，始建于1958年，隶属于原化学工业部，建校的目标为"培养尖端科学技术所需求的高级化工人才"，是世界一流学科建设高校、985工程优势学科创新平台、211工程高校。设有15个学院，教职工2600余人，其中两院院士11人。有8个一级学科博士点，21个一级学科硕士点，10个硕士专业学位授权类别，1个一级学科国家重点学科，1个国家重点（培育）学科。化学学科进入ESI排名的前1‰，材料科学与工程学科在全国第四轮学科评估中排名前10%，进入"绿色化学化工及材料"一流学科群重点建设行列。参与"化学资源有效利用"国家重点实验室和"有机无机复合材料"国家重点实验室建设。拥有国家碳纤维领域唯一的"碳纤维国家工程技术研究中心"。

调研重点聚焦化工和材料领域，听取了关于合成纤维、工业生物技术、能源化工、化工新材料、危险化学品、光刻胶等方面的科研进展情况介绍。

高分子材料是一类由一种或几种分子或分子团（结构单元或单体）以共价键结合的具有多个重复单体单元的大分子，其分子量高达 $10^4 \sim 10^6$。它们可以是天然产物，如纤维、蛋白质和天然橡胶等，也可以是用合成方法制得的，如合成橡胶、合成树脂、合成纤维等非生物高聚物等。聚合物的特点是种类多、密度小（仅为钢铁的 1/8 ～ 1/7），比强度大，电绝缘性、耐腐蚀性好，加工容易，可满足多种特种用途的要求，包括塑料、纤维、橡胶、涂料、黏合剂等领域，可部分取代金属、非金属材料。高分子材料按特性分为橡胶、纤维、塑料、高分子胶黏剂、高分子涂料和高分子基复合材料等，但是各类高聚物之间并无严格的界限，同一种高聚物采用不同的合成方法和成型工艺，可以制成塑料，也可制成纤维。

863 计划项目验收会

20 世纪 80 年代初期，以美国战略防御倡议（1983 年提出，即"星球大战"计划）、欧洲"尤里卡计划"、日本十年科学技术振兴政策为代表的战略高技术发展布局争相启动，集中人力、物力、财力发展高技术成为当时发达国家的共识。而我国的科技事业正处在摆脱"文化大革命"冲击的恢复阶段，紧跟世界前沿科技方向成为当务之急。1986 年 3 月，王大珩、王淦昌、杨嘉墀、陈芳允四位科学家向中央提出了"关于跟踪研究外国战略性高技术发展的建议"，邓小平同志做出"此事宜速作决断，不可拖延"的重要批示，国务院批准了《国家高技术研究发展计划纲要》，正式启动 863 计划，最初确定了 7 个领域、15 个主题。新材料技术一直是 863 计划的重要组成部分。经过 30 年的发展，863 计划为我国高技术领域的学科布局、科研攻关、技术突破、人才锻炼、产业培育做出了重要贡献。2014 年年底，根据国家科技计划管理改革的部署，863 计划进入收官阶段，相关在研项目和课题也进入验收总结环节。按照当时的计划管理规定，项目所属课题完成验收结题后，开展项目验收。

2018 年 7 月 27 日，863 计划新材料技术领域"高性能分离膜材料的规模化关键技术（二期）"重大项目在南京金陵江滨酒店（江川厅）进行验收，这是 863 计划新材料领域的最后一次项目验收会，也是 863 计划推动我国新材料技术发展的圆满收官。当天重大项目的验收会进展顺利，不再赘述。

回顾过往的 30 多年，无论是计划定位、组织模式、实施机制，还是颠覆性创新、青年科学家培养、成果产业化，都有许多值得我们思考之处。一是符合时代特征和国情实际的定位选择。在 863 计划酝酿阶段，没有盲目自信，也没有妄自菲薄，很清楚地知道我们当时在国际科技发展前沿所处的位置，就是追赶，所以首要的路径选择是跟踪，就是要了解国际上高技术发展在做什么，为什么做，怎么做，谁在做，加之改革开放的时代大环境，更多的科技工作者走出去，读博士、做博士后、当助手，总之就是在学习的过程中找到我们迎头赶上的发力点。二是有所为有所不为的战略判断。当时中央下的决心很大，也安排了超出大家预料的支持经费，可是与全面布局追赶的巨大任务相比，依然捉襟见肘，所以必须要突出重点。选择干什么容易，但下决心不干什么却很难，因为需要承担由此带来的技术路径不确定性的风险。在这种情况下，国务院组织几百人的科学家队伍编制纲要，没有人打自己的小算盘，算得都是科技发展关键窗口期的需要，时不我待，只能毕其功于一役。三是用人不疑的担当与坚守。找准方向重要，选对人更重要，领域专家组的决策方式在今天来看仍然是对身在其中的每位专家的考验，单纯的票决制、分决制都不是最佳选择，发挥专家的主观能动性是关键，特别是非共识方向的决断更需要有人赌上个人声誉，心底无私天地宽，但这其中对专家组的充分信任更是难能可贵。四是赓续传承的科学家精神。当天参加验收会的很多专家都曾是863计划的参与者，当时他们都是二三十岁、博士毕业的年纪，既是他们的辛勤付出成就了863计划的累累硕果，也是863计划见证了他们的创新脚步勇往直前，在申报人、承担人、评审人、管理人等多种角色的变化之中，始终践行着"发展高科技、实现产业化"的誓言，让星星之火渐成燎原之势。

南乡子·863新材料收官

（国家高技术研究发展计划，简称863计划，其新材料领域数十载艰辛耕耘，硕果累累，才俊辈出，今聚于宁，感慨良多，只言片语，是以为念）

烽起丙寅秋，

骑尘绝去卧薪求，

越甲三千秣南马，

啾啾，

功未凌顶不为休。

春柳戊戌归，

逝如斯夫万里骓，

秦关百二征途漫，

萦回，

从此纵骋夺新魁。

内外上下学材料

既然到了新岗位，首要任务就是学习，从基本的常识问题学起，好在有处内志农、冬雨两位同事和此间先后协助工作的刘俊、孟磊、玉婵、熊森、海军等专家老师的帮助，让我能够及时解决学习中的困惑，他们也不厌其烦地给我上科普课。此前在处里工作过的禄平、其针两位处长，帮我快速熟悉了重点工作的来龙去脉。于是，在500天的时间里，我尽力抓住每一次学习的机会，一点一滴积累。由于对材料的理解缺乏系统性，只好结合自己的学习进度，逐一列出部分要点。

半导体材料

半导体材料是一类具有半导体性能（导电能力介于导体与绝缘体之间），可用来制作半导体器件和集成电路的电子材料，在微器件制备方面应用广泛，对电子、通信、计算机等领域的技术发展起到了重要的支撑作用。

20 世纪 50 年代，以锗为材料的晶体管在美国贝尔实验室诞生。锗材料制备的晶体管比真空电子管在体积、耗电量、寿命方面都具有较好的优势。《1956—1967 年科学技术发展远景规划纲要》针对半导体材料与器件，部署研究半导体的基本性质、锗的原材料和提纯技术，研制纯锗单晶体的制备方法，以及实验室内制造放大器的工艺技术和各种类型的锗器件，研究锗和硅电子学器件的制造和应用技术，光电和热电器件的制备技术。锗材料技术的发展为半导体器件制备提供了有力支撑，这一时期中科院半导体研究所和北京电子管厂半导体实验室合作，采用电真空器件的封接技术试制出锗二极管和锗合金晶体管；河北半导体研究所研制出 6 类锗高频台式晶体管和 9 种锗器件。

1960 年，半导体材料发展迅速，国际上出现了尺寸约 20 mm

的单晶硅片，半导体器件逐步取代电子管，使雷达、计算机、测试仪等电子装备快速向小型化发展。面对半导体工艺和新技术的发展，《1963—1972 年科学技术发展规划纲要》部署研究半导体材料提纯、制备、分析和半导体新材料，并聚焦我国电子学的发展，在量子电子学与固体电子学领域中固体化方向，还部署研究新材料、固体线路及工艺。《1963—1972 年科学技术发展规划纲要》的实施为我国发展半导体工艺和各种新技术奠定了较好的基础，突破了硅外延工艺和硅平面技术，研制出硅高频功率管等 20 多种硅平面型器件，并在 1965 年建成我国第一条年产 300 万只锗低频小功率管生产线，研制出第一台晶体管 8 路同声传译设备。

20 世纪 70 年代，我国关注高密度信息存储材料等新材料技术，在《1978—1985 年全国科学技术发展规划纲要》中，侧重研究材料的物理、化学、测试、工艺等方面的技术。在功能材料物理、化学效应及其转换机制方面，部署研究有机信息材料的机制及结构与性能的关系研究；在材料性能的表征参数及测试方法方面，部署电子计算机在材料科学研究中的应用；在微波电子学方面，部署研究微波管高频系统、新工艺、新技术和新材料；在光电电子学方面，部署研究功能材料及部件。

自 20 世纪 90 年代起，以砷化镓、磷化铟等为代表的第二代化合物半导体材料崭露头角，半导体材料进入新阶段。为适应新的发展趋势，在《国家中长期科学和技术发展规划纲要（1990—2000—2020 年）》中部署：研究用于微电子及电力电子器件的硅、砷化镓、磷化铟等半导体材料，以及多层外延、非晶、异质结、超晶格等薄膜材料；研究微电子、光电子用超纯材料，包括浆料、试剂、气体等黏接封装用材料；研究各种敏感材料，包括光电子用有机和无机非线性光学材料、光致折变材料闪烁晶体等；研究光存储与显示材料，包括磁光型、相变型、可擦写光盘材料和光子选通材料，有机光色材料，各种液晶及光材料等；探索分子电子学材料及生物电子学材料。此外，在《科学技术发展十年规划和"八五"计划纲要（1991—1995—2000）》中，面向高技术发展和传统工业的技术改造，也部署了研究电子信息材料技术。

进入 21 世纪初期，微电子光电子材料技术向着材料器件集成化、制备使用绿色化发展，以碳化硅、氮化镓为代表的第三代半导体材料兴起。《国家中长期科学和技术发展规划纲要（2006—2020 年）》注重发展新一代光电信息材料等新材料技术，并在"十二五"规划中部署研究极大规模集成电路材料和新型电子功能材料，发展微电子 / 光电子 / 磁电子材料与器件技术。

2014 年年初，美国宣布成立"下一代功率电子技术国家制造业创新中心"，期望通过加强第三代半导体技术的研发和产业化，使美国占领下一代功率电子产业新兴市场，并为美国创造出一大批高收入就业岗位。日本建立了"下一代功率半导体封装技术开发联盟"，由大阪大学牵头，协同罗姆、三菱电机、松下电器等 18 家从事碳化硅和氮化镓材料、器件研发和产业化的知名企业、大学和研究中心，共同开发适应碳化硅和氮化镓等下一代功率半导体特点的先进封装技术。欧洲启动了产学研项目"LAST POWER"，由意法半导体公司牵头，协同来自意大利、德国等6个欧洲国家的私营企业、大学和公共研究中心，联合攻关碳化硅和氮化镓的关键技术，使欧洲跻身世界高能效功率芯片研究与商用的最前沿。在"十三五"规划中，以第三代半导体材料为核心，以大功率激光材料与器件、高端光电子与微电子材料为重点，发展先进电子材料，推动跨界技术整合。这期间取得了许多积极成果，功率型衬底白光 LED 芯片光效超过 100 lm/W，功率型白光 LED 光效超过 130 lm/W；研制出无裂纹的高结晶质量氮化镓铝材料和 290 nm 紫外 LED 器件；初步研制成功金属有机化合物化学气相沉积工业生产性设备；研制出 16 通道 SOI 基中心波长热调制合波器，实现了 4.6 mA 调制电流下 0.7 nm 的波长漂移；研制出与 CMOS 兼容的单偏振光栅耦合器和偏振分离光栅耦合器；突破了深亚微米光刻、分区曝光与拼接等微纳尺度精细加工技术。

面向未来，更需聚焦微电子光电子材料的关键核心技术研发和创新应用，布局集成电路用电子材料、无载流子注入纳米像元电致发光显示关键材料与器件、彩色电子纸显示材料与器件、面向新能源汽车应用的 SiC 功率电子材料与器件、面向大数据中心应用的 GaN 基高效功率电子材料与器件、毫米波材料与器件研发、新结构新功能微小尺寸 LED 材料、镓系宽禁带半导体新型异质结构高灵敏信息感知材料和器件、新型自旋电子材料、激光材料等技术，推动半导体材料技术发展。

陶瓷材料

陶瓷材料是经过高温热处理后形成的多晶材料，熔点高、硬度强、耐磨性好、耐氧化，在光、电、热、力等方面具有优异的性能，广泛应用于电子、计算机、通信等领域。

我国陶瓷技术发展历史悠久，但相比于国外还存在矽酸盐工业基础薄弱、产品种类少、生产方法落后等问题，大部分质量不高，性能无法满足工业生产的需要。《1956—1967 年科学技术发展远景规划纲要》对陶瓷材料的技术改进和基础理论研究予以关注，要求开展资源探索，加强地质勘探，研究原料的基本性质和加工方法；改进现有的产品质量，研究新型产品的生产工艺，并结合我国资源特点，借鉴国外已有的成熟生产经验及重要产品，如电瓷等，研究其制造技术；研究国外正在发展的技术，如特种瓷、陶瓷金属等；研究矽酸盐工业的新型机械设备和窑炉加工，探索新生产过程，实现生产过程自动化。

计算机的诞生和计算机技术的发展极大地推动了工业技术的发展，无线电电子工业、仪器仪表工业和工业生产的自动化，成为 20 世纪 60 年代各个先进工业国家着重发展的新领域和新方向，我国也开始注重发展电子技术领域的陶瓷材料，以促进无线电电子工业快速发展。为此，《1963—1972 年科学技术发展规划纲要》部署了研究构成电子设备的基本部件，如高频电瓷、陶瓷等，改善性能指标。研究陶瓷金属封接等无线电电子工业生产的新工艺、新技术等。同时，为适应工业生产和工程技术的发展需要，在硅酸盐化学与物理学方面，部署研究陶瓷—金属复合系统的材料，重点解决发展新技术所需要的新型、特殊陶瓷问题，为我国陶瓷复合材料及电子信息领域中陶瓷材料技术的发展奠定了较好的基础。

20 世纪八九十年代，我国注重发展具有广阔前景的新型材料，在《1986—2000 年国家中长期科学和技术发展规划纲要》中，部署研究结构和功能陶瓷材料。在《国家中长期科学和技术发展规划纲要（1990—2000—2020 年）》中，围绕高性能陶瓷，部署研究超纯超细粉末原料制备技术，研制批量或工业化生产装备。研究高温工程陶瓷技术，包括陶瓷发动机、燃气轮机、高温密封伐、轴承、泵、风机、炼钢机械、辊道等。研究敏感陶瓷与电子陶瓷，如各种敏感元件、高导热高绝缘基板及磁记忆材料等。研制光学功能陶瓷，光电、光磁、非线性光学陶瓷，化学功能陶瓷。研究生物功能及固化酶载体陶瓷。研究高性能陶瓷特殊成型、烧结、精密加工，涂层纤维增强复合技术和工艺装备的研制，脆性材料评价技术、无损检测、破坏准则及烧结、复合机制。在《科学技术发展十年规划和"八五"计划纲要（1991—

1995—2000）》中，面向高技术发展和传统工业的技术改造，部署了研究新陶瓷材料技术。在此期间，我国完成陶瓷膜反应器孔径 3 ~ 10 nm 的小孔径陶瓷超滤膜材料的中试，开发了一批片式元器件关键材料，如低温共烧陶瓷技术用低介低烧陶瓷材料、片式电感 – 电容滤波器用共烧陶瓷材料等。在"十三五"规划中，部署了陶瓷基复合材料和功能陶瓷材料研究等，进一步丰富了我国陶瓷材料的种类，陶瓷材料的工艺、装备技术等都得到了更深入的发展，创制的连续陶瓷膜反应器实现了反应 – 分离耦合系统连续稳定运行。陶瓷材料依托其特有的优势及高性能产品，满足了我国科技发展不同领域的应用需要。面对未来陶瓷材料技术的发展，聚焦高性能陶瓷材料，研究光刻机高端装备用精密结构陶瓷部件研制与应用技术、400 km/h 高速列车用碳陶（C/C-SiC）制动盘及配对闸片关键技术、高端合金制造及钢铁冶金用关键结构陶瓷材料开发及应用技术、低面密度空间轻量化碳化硅光学 – 结构一体化构件制备技术等。

稀土材料

《1956—1967 年科学技术发展远景规划纲要》中围绕我国稀土资源优势，部署了稀土元素的开采、提取和利用技术研究，探索稀土的新用途。研究镁合金中如何充分利用稀土金属以提高其强度。同时，在基础科学中也将稀土元素化学研究列为重要内容之一。在科技规划的带动下，我国掌握了稀有元素的分析方法和分离提炼技术，初步建立了有色合金系统，并结合我国资源情况，开启了对稀土元素应用研究的探索道路。

随着稀土技术的逐步发展，我国稀土行业开始逐步进入良好发展时期，但我国矿种多，特别是铁矿、有色金属矿和盐类矿等呈复杂共生状态的矿床很多，而且稀土的开采、应用技术相对落后，将矿石中有用矿物富集及去除有害杂质的能力不强，稀土资源综合利用率较低。为避免资源浪费，提升稀土资源利用能力，在《1963—1972 年科学技术发展规划纲要》中，部署了复杂共生矿的综合评价与开发利用研究，针对包头白云鄂博铁矿，着重研究共生稀土、稀有稀土等元素的赋存状态与富集规律，研究开发利用对象的主次。同时，针对我国当时合金钢品种不多、质量不高、适合我国资源条件的合金钢系统尚不健全等问题，布局发展含稀土的合金钢新钢种，研究稀土元素的选矿和冶炼技术，研究试制稀有金属工业化生产的专门设备。这一时期初步摸清了我国自然条件和资源的特点，同时明确了矿床的合理开发利用方向，进一步完善了合金钢系统，提高了钢的纯净度，对推动我国新兴工业发展起到了非常重要的作用。

在此基础上，我国冶金科学技术体系得到发展，在冶金学科理论研究工作方面取得了一定成果，发展了一批新工艺、新材料、新设备，但同国际先进水平相比差距依然很大，在理论性、长远性的冶金研究和冶金过程物理化学技术方面较为薄弱。为进一步提高质量产量、增加品种、节约能源，合理利用我国矿产资源，改进冶金工艺，《1978—1985 年全国科学技术发展规划纲要》部署了研究稀土的火法冶金过程理论和湿法冶金过程理论，针对包头铁矿开展稀土金属选冶联合新流程研究，使我国掌握了稀土金属矿湿法分解、分离过程，从而为研究包头稀土精矿氯化电解新工艺机制及稀土金属选冶联合新流程奠定了坚实的技术基础。

随着我国对稀土的应用领域不断拓宽，推动资源综合利用能力提升成为技术发展的一个重点方向，在《1986—2000 年国家中长期科学和技术发展规划纲要》中，注重加强资源开发和综合利用技术，做好矿藏的勘探、分析和综合评价。发展先进采选技术和成套装备，研究共生矿的开发和综合利用技术。在《国家中长期科学和技术发展规划纲要（1990—2000—2020 年）》中，又提出开展经济合理综合稀土回收及稀土分离技术的研究，开拓了稀土新技术、新工艺探索道路，有力支撑了稀土在冶金、农牧业及高技术领域的应用。

21 世纪初，稀土受到了更为广泛的关注，被誉为"现代工业维生素"和"21 世纪新材料宝库"，在航空航天、电子信息、智能装备、新能源、现代交通、节能环保等战略性新兴产业应用广泛，是世界各国改造传统产业、发展现代高新技术和国防尖端技术不可或缺的战略资源。《国家中长期科学和技术发展规划纲要（2006—2020 年）》中，注重基础原材料中的稀土材料及其应用研究。"十二五"规划部署了发展先进稀土材料，提出建立分离提纯—化合物及金属—高端功能材料—应用全产业链，研究高性能稀土永磁、催化、储氢和发光等材料的制备、应用和产业化技术。通过规划实施，提升了高丰度稀土在化工助剂、轻金属合金、钢铁等材料中的应用能力，促进了稀土材料的平衡利用水平。在"十三五"规划中，为提升功能材料在重大工程中的保障能力，稀土功能材料成为研究重点。在稀土永磁材料方面，构建了 Nd-Ce-Pr-Fe-B 多组元合金体系的热力学数据库，开展了高丰度稀土永磁材料组织结构模拟和设计，开发了高通量制备技术，成功研发出了磁能积达到 43.5 MGOe、（La, Ce）混合稀土含量高达 30 wt% 的高性能磁体。

我国是全球稀土主产国，稀土在冶炼分离的过程中容易产生严重的环境污染。随着国家环境保护意识的增强及环保政策的相继出台，我国的稀土提取分离技术朝着绿色、高效的方向发展，并取得了一些重要研究成果，如模糊 / 联动萃取分离技术、非皂化萃取分离技术、混合型稀土精矿硫酸强化焙烧尾气资源化利用技术、低碳低盐无氨氮萃取分离制备稀土氧化物技术、溶剂萃取法制备超高纯稀土氧化物工艺、新型稀土沉淀结晶技术等新技术。上述技术的实施，推动了行业的技术进步，提升了我国稀土清洁生产水平。未来稀土材料绿色制备技术发展趋势将主要集中在：稀土材料新型离心萃取机械和数字化流量系统设备研发，提高稀土材料萃取分离工作的效率和质量；研发全新粒子吸附型稀土原地金矿工艺，实现原位材料分离；优化稀土高效清洁冶炼分离提纯和化合物制备技术及其推广应用，从源头解决稀土生产过程中的"三废"污染问题。

面向新一代信息技术、航空航天、先进轨道交通、节能与新能源汽车、高端医疗器械、先进制造等高技术领域对稀土新材料的迫切需求，需要重点发展具有我国资源特色的稀土新材料，聚焦稀土新材料战略化、高质化、前沿化、平衡化应用，加强稀土新材料前沿技术基础、工程化与应用技术创新，提升稀土新材料原始创新能力和高端应用水平，突破稀土永磁材料强基及变革性技术、新型高效稀土光功能材料及应用技术、高效低成本稀土催

化材料及应用技术、稀土材料绿色智能制备和高纯化技术、稀土
物化功能基元材料及应用技术、特种稀土功能材料及专材专用技
术、稀土新材料及材料基因工程新技术，推动我国稀土资源优势
向技术和战略优势转变。

纳米材料

纳米材料是指利用纳米技术获得结构特征尺度小于 100 nm 且具有特异纳米效应（如小尺寸效应、量子效应、表面效应等）的一类新材料。纳米材料与器件涉及多学科交叉，其研究内容覆盖现代科技和产业的广阔领域，因而被称为 21 世纪最有前途的新型材料，在信息、能源、环境、生物医学等多个领域具有很强的应用潜力。

纳米技术和纳米器件的巨大研究价值和技术效益已经引起人们对纳米材料的极大关注。在美国、欧盟和日本等发达国家和地区的推动下，很多国家发布了本国纳米科技发展规划、计划或纲要，使纳米技术（NT）迅速发展成为继信息技术（IT）和生命技术（BT）之后又一前沿核心技术。美国在 2000 年颁布国家纳米计划后，又制定了《21 世纪纳米研究与发展法》，并持续投入研发经费。欧盟以利用纳米技术解决"全球变暖，能源、水和食物短缺，老龄化和公共医疗与安全"问题为目标进行了战略布局，以支持欧洲生态高效型的经济、民生发展。日本在 2010 年国家战略报告中将"提高人们生活质量、提高工业综合竞争力、处理全球性问题"作为未来纳米技术发展的优先战略。

纵观美国、欧盟和日本等发达国家和地区近年来的纳米科技研究现状，可以看出，国际纳米科技的发展呈现"研究目标凝聚、内容重点突出、资源投入集中、产业培育强化、社会高度关注"的态势。其中，涉及应用于电子信息、可再生能源、工业绿色制造和人类健康的纳米技术是其重点发展领域。作为纳米技术核心内容之一的纳米材料与器件技术，已经成为引领科技前沿、提升传统产业和实现经济社会可持续发展的重要手段，成为各国战略性高技术竞争的一个重要领域。

我国是国际上率先开展纳米科技研究的国家之一。"八五""九五"期间，我国在纳米科技领域开展了一些研究工作。目前已拥有一支比较精干的研究队伍，取得了一批研究成果，在纳米科技的若干领域基本与国际先进水平保持同步。但是，与发达国家相比，整体研究水平存在不小的差距。重要的原始性创新、应用开发和工程化不足；研究群体相对分散，缺乏整体布局；多学科交叉融合程度不够；实验设施落后，研究基础薄弱；信息交流少，经费投入不足。

2001 年 7 月，科技部等五部委制定和实施《国家纳米科技发展纲要》，就是要围绕国家发展目标对我国的纳米科技发展进行战略部署，统一规划，合理布局，加强协调，突出重点，集中优势力量突破关键技术，加速成果实用化和产业化，从整体上推动我国纳米科技发展，增强未来科技和经济竞争力，为国民经济建设和社会发展服务。在 2000 年成立了国家纳米科技指导与协调委员会，启动了从基础研究、高技术研究到产业化技术开发的国家级纳米科技研究计划。

"十五"期间，集中部署突破一批纳米科技发展共性关键技术。

纳米材料制备与加工技术。突破纳米材料低成本、环境友好、高稳定性的规模化制备与加工技术。研制轻质、高强材料，生物医用材料及纳米药物，多功能智能化材料。

纳米器件的构筑和集成技术。实现稳定、可重复的原子操纵技术和自生长自组装技术；在超高密度存储器形成技术、纳米尺度的器件与系统集成、封装技术等方面获得重要进展。研制高集成度多功能智能化的纳器件，使之比现有系统的速度、存储密度、功耗有革命性突破。

纳加工技术。将"自上而下"（Top Down）和"自下而上"（Bottom Up）两种纳加工技术方法相结合，利用微束加工和刻蚀技术、纳米周期组合的物理、化学和生物学方法，实现纳米尺度的光机电系统的加工和组装。

纳米尺度的结构分析和性能测试技术。开发新型纳米尺度探测技术，并应用于相关领域。发展纳米尺度下，测定单分子和纳米结构的表征技术和测试手段、基于扫描探针显微术的谱学技术和三维结构测定技术、利用纳米生物传感器探测细胞内部生物化学反应的技术及分子模拟等。

装备技术。重视纳米材料制造、加工和测试专用装备的自主研制与开发。

开拓纳米材料和器件的应用，促进纳米科技成果转化。通过纳米技术向高科技领域渗透、交叉、融合，与传统技术相结合，进行技术创新，推动纳米科技成果的转化和应用。"十五"期间，重点发展纳米技术在新材料、计算机和信息系统、能源和环境、医疗与卫生、生物和农业，以及传统产业等领域的应用。优先部署纳电子和计算机技术，高密度超大容量信息存储技术，数值化高亮度、高分辨显示器件中的纳米技术，新型传感器件中的纳米技术，纳机械的设计和组装技术等。创造条件，使拥有自主知识产权的关键技术迅速转化为生产力。

发展对国民经济和国家安全有重大影响的纳米材料技术。在纳米结构材料方面，重点发展宇航、交通所需的高强、轻质、耐热材料；在纳米功能材料方面，重点发展信息、通信、医疗、卫生和环境等领域所需的新型纳米功能材料，要重视纳米材料制备与加工技术。利用我国富产天然资源，发展新型纳米结构和功能材料。发展纳米催化剂、清洁剂、助燃剂等，提高传统能源使用效率。重视发展用于空气净化和水污染治理的纳米技术。鼓励纳米技术与传统环境、能源技术交叉融合，提高传统能源使用效果，大幅降低污染物的排放。注意研究纳米技术对环境的负面影响。加强纳米科技在化工、建材、纺织和轻工等基础产业中的应用，带动传统产业的改造和产品的升级换代。促进纳米技术与生物技术、生物医学工程、传统医药技术交叉融合，发展纳米生物探测诊治技术及药物纳米化技术，研制高效缓释、靶向性纳米药物，提高疾病诊断、防治和研究水平。通过纳米技术与农业生物技术交叉融合，改良动植物的品种，提高抗病虫害能力和对环境的适应性，提高动植物的营养价值，提高农业产量。

随着科技的快速发展，单一结构的纳米材料已经不能满足社会生产和发展的需要，纳米粒子自组装技术及其应用的研究正逐渐成为纳米科学的前沿领域。与单个纳米组件相比，基于自组装技术而形成的尺寸可控、形貌均一的纳米自组装体和自组装器件表现出具有多个组件间增强的集成属性，极大地促进了纳米材料的实际应用。

纳米自组装是指纳米颗粒、纳米片、纳米线等基本结构单元在平衡条件下，通过非共价键作用自发地缔结成热力学稳定、结构确定、性能特殊的聚集体的过程。自组装技术最初是基于带正、负电荷的高分子在基片上交替吸附原理的制膜技术，其成膜驱动力是库仑力或称为静电相互作用，所以一开始选用于成膜的物质仅限于阴、阳离子聚电解质，或水溶性的天然高分子，并在水溶液中成膜。目前，用于自组装膜的材料已不限于聚电解质或水溶性的天然高分子，其成膜驱动力也从静电力扩展到氢键、电荷转移、主—客体等相互作用，并已成功地制备了各种类型的聚合物纳米级超薄膜，也初步实现了膜的光、电、磁等功能，还可以模拟生物膜，使其成为一种重要的超薄膜制备技术。

目前，国内外学者对范德华力、静电力、氢键、磁力、熵效应、疏溶剂相互作用等多种驱动纳米自组装的作用方式进行了较为系统的研究，也对其在医学、催化、能源等相关领域的应用进行了尝试。金属、半导体、氧化物、无机盐和聚合物等材料可通过"自下而上"方法精确调控出一系列有序和精细的纳米组装体。研究表明，嵌段序列结构影响最终纳米自组装体的结构，为用于药物释放和智能材料的高度有序化嵌段共聚物纳米组装体的制备提供了理论支撑。基于分层自组装方法实现了金纳米粒子精确到分子甚至原子及纳米水平的自组装，揭示了决定粒子间的定向自组装的影响机制。

尽管纳米自组装技术在以上方面已经取得了巨大的进步，但是其自组装机制、结构精确调控、批量生产等方面依然面临许多挑战。在自组装机制研究方面，纳米自组装技术多集中在组装体的合成与制备等阶段，今后应对自组装机制进行研究与讨论。在结构的精确调控方面，在可控的宏观层面上实现对纳米组装体微观结构的有序调控。在批量生产方面，探寻成本较低的新材料作为贵金属、半导体等材料的替代品，以实现纳米自组装材料的大批量工业生产。

生物医用材料

生物医学材料是用于人体组织和器官的诊断、修复等功能的材料，是生命科学与材料科学等前沿交叉学科融合产生的新兴材料技术，在人体脏器、关节、假肢制作等方面应用广泛。随着材料技术和生物技术的蓬勃发展，生物医学材料技术成为新的研究和开发热点领域。

新中国成立之初，医疗和疾病防治方面所需的医学材料非常匮乏，为加强寄生虫病和传染病防治能力，《1956—1967 年科学技术发展远景规划纲要》注重生物、化学、物理等综合方法的研究布局。在随后的十几年里，我国医用材料和医疗器械生产技术得到了较快发展，面向医用的材料种类和质量显著提升。《1963—1972 年科学技术发展规划纲要》注重生物制品和医疗器械方面的研究，部署新的生物制品及医疗器械的研制，研究药物和医疗器械生产的新技术、新工艺。

20 世纪七八十年代，为有效应对自然灾害、事故、疾病等给人体带来的身体创伤，亟须研制用于人体组织和器官再生与修复功能的医用材料。在这一时期，国外通过对工业化材料的生物相容性研究，研制出了许多生物医学材料及其制品，形成了生物医用材料这一新的材料分支。为了尽快构建我国的生物医用材料体系，《1978—1985 年全国科学技术发展规划纲要》部署生物医学高分子材料、生物活性高分子材料、亲水和生物降解体系高分子材料、医用级硅橡胶与其他有机硅材料、医用级硅橡胶制品、生物医用膜材料和选择性吸附材料的合成及其作用机制、医用聚氨酯体系与其他合成橡胶材料及其与血液作用机制、医用氟硅橡胶、口腔医学材料、生物化材料、生物医学材料、医用碳素材料等技术研究。《1986—2000 年国家中长期科学和技术发展规划纲要》则突出解决我国医用级原料、助剂的配套，以及专用工艺装备的设计和制造问题。《国家中长期科学和技术发展规划纲要（1990—2000—2020 年）》和《科学技术发展十年规划和"八五"计划纲要（1991—1995—2000）》继续强调发展生物医用材料的重要性，部署生物医学工程用新材料，包括研究和开发人工脏器、计划生育、新型医疗器械用新材料及其制品的技术研究；布局抗凝血、抗血栓材料，生物医学用合成高分子膜，医用黏合剂，耐疲劳耐磨耗材料，亲水性凝胶，微胶囊材料载氧人造血液等的开发。

"十三五"时期，我国瞄准生物医用材料世界科技前沿，重点布局可组织诱导生物医用材料、组织工程产品、新一代植介入医疗器械、人工器官等重大战略性产品开发，并围绕组织替代、功能修复、智能调控等方向，部署 3D 生物打印、材料表面生物功能化及改性、新一代生物材料检验评价方法等技术研究。这些规划的实施，不仅提升了我国医用级基础原材料的标准，构建了新一代生物医学材料制品创新链，还在组织诱导性骨和软骨修复材料的基础研究和前沿技术方面，初步确定了影响骨和软骨诱导性的关键材料因素，开发出用于硬／软骨组织修复材料的高通量制备方法，研发出新一代骨诱导多孔磷酸钙人工骨及胶原基水凝胶人工软骨修复材料，使我国生物医学材料产业的竞争力得到显著提升。

未来，生物医学材料的发展逐渐从注重材料的安全性、可靠性走向赋予生物材料生物性结构和功能，使其具备机体的自我修复和完善能力，实现人体组织或器官的修复或重建。在此大背景下，我国有必要在继续推进高性能医用高分子材料产业化进程的同时，部署骨组织精准适配功能材料及其关键技术、生物大分子药物输送载体材料技术、基于重大疾病分子诊断的生物材料与探针技术等前沿研究，以进一步推动我国人工器官和医疗器械装备的进步，提升我国生物医用材料技术的国际竞争力。

功能材料

功能材料指通过光、电或化学等方法作用后具备一定特殊功能的材料，在光、电、磁、化学等方面具有优异的性能，广泛应用于多个技术领域，并受到越来越多的关注。

磁性材料首先在《1956—1967 年科学技术发展远景规划纲要》中得到部署，成为最早纳入国家科技规划的功能材料。到了 20 世纪六七十年代，为满足各领域对电子器件和装备的需要，功能材料侧重于电子领域，在《1956—1967 年科学技术发展远景规划纲要》部署磁性材料研究的基础上，在《1963—1972 年科学技术发展规划纲要》中部署了研究构成电子设备基本部件的磁性材料技术等，为促进电子技术领域的发展提供了技术支撑。

随着功能材料的发展门类更加多样、品种增多、效率提高，其在材料领域中占的比重也越来越大，功能材料基础研究的重要性更加凸显。为此，《1978—1985 年全国科学技术发展规划纲要》中部署了功能材料组成、工艺、结构与性能的关系，以及功能材料声、光、热、电、磁等物理和化学效应及其耦合作用的产生机制等研究，以期通过这些基础性研究提高功能材料的性能，推动新材料的探索。具体到磁性材料基础研究方面，部署了软磁材料和永磁材料基础理论研究，包括永磁合金磁性机制的研究，永磁材料稳定性（时间、温度、磁场、机械振动、冲击等）的研究等。在随后的《国家中长期科学和技术发展规划纲要（1990—2000—2020年）》中，功能材料的研究范围得到大幅拓展，部署了以下主要任务：研究能够敏感察觉环境变化并及时改变其构造和性能的"智能材料"；研究高温超导材料技术；研究生物技术所需的新材料，包括固化酶（或细胞）、生物反应器、生物大分子分离纯化等所用的新材料；研究生物功能材料的功能、结构性能解析和评估技术；开发 Nd-Fe-B 永磁材料系列化和集中工艺生产技术；探索新一代稀土永磁、超磁致伸缩和磁记录材料；开展贮氢贮能材料研究和应用并形成产业；研究磁致冷材料和装置、阻尼材料、形状记忆合金和磁性流体材料；开发高性能精密仪器用贵金属材料、金属薄膜材料和表面改性技术；研究超材料等前沿功能材料。

在上述国家计划的持续引导下，我国的功能材料技术取得了长足进步，成为我国材料领域中创新最为活跃、发展速度最快、与发达国家差距最小甚至在某些方面实现赶超的技术方向。

在众多的功能材料中，我国超导材料的发展值得一书。超导材料作为一类变革性功能材料，始终受到我国政府、科技界和工业界的高度重视。在《1978—1985 年全国科学技术发展规划纲要》中，低温超导材料的研究与应用技术得到部署，超导材料基本参数、交流损耗、连续探伤等测试方法也得到重点研究。 在随后发布的《科学技术发展十年规划和"八五"计划纲要（1991—1995—2000）》《"九五"计划和到 2010 年长期规划纲要》《国家中长期科学和技术发展规划纲要（2006—2020 年）》等国家科技发展规划中，超导材料，特别是高温超导材料，更是作为重点方向得到大力支持。《科学技术发展十年规划和"八五"计划纲要（1991—1995—2000）》注重研究高温超导材料的实用成材技术、高温超导薄膜技术、高温超导器件和低温超导的应用开发技术。《国家中长期科学和技术发展规划纲要（2006—2020 年）》对高温超导技术研究进行了明确部署。新型高温超导材料及制备技术研究，超导电缆、超导电机、高效超导电力器件研制，超导生物医学器件、高温超导滤波器、高温超导无损检测装置和扫描磁显微镜等灵敏探测器件研究等在这个时期的几个五年计划中得到具体实施。可以说，这一时期是我国的超导材料研发最为辉煌的时期。突破了热核聚变实验堆磁体用铌基超导线材的制备技术并通过 ITER 认证；突破了包括镍钨基带制备技术、功能层制备技术和保护层制备技术在内的高温超导涂层导体完整制备技术；研发出 220 kV/800 A 高温超导限流器；实现了超导限流器挂网运行及在线人工短路试验；研发出 0.6 T 开放式 MgB_2 超导磁共振成像系统。

面向正在孕育中的新一轮科技革命和产业变革，我国的功能材料需要在先进能源材料、机敏 / 智能材料与超材料、环境友好材料、分离与催化材料及特种功能材料方面聚智聚力，力争在特异性分离和能量转换仿生材料技术、基于电磁模态耦合的新型功能超材料技术、声学超构材料及集成器件技术、苛刻环境用润滑密封材料与技术、可反复化学循环生物降解高分子材料技术、低环境负荷无机胶凝材料技术、温度 – 热流 – 应变敏感材料及传感器、高温超导材料、新一代生物医用材料等方面实现重点突破，将我国功能材料做大做强。

复合材料

复合材料是将不同特性的材料进行优化组合，通过先进材料制备技术融合形成的材料。复合材料兼具多种不同材料的特点和优势，克服单一材料在性能上的不足，从而满足各个行业不同领域的需要。

新中国成立初期，以玻璃纤维增强聚酯树脂为基体的复合材料已经在美国出现，推动了当时复合材料技术的快速发展。我国当时在这一领域的研究基础还非常薄弱，随着对重有机化学产品和高分子化合物生产过程的研究及其应用范围的扩大，为迅速建立我国重有机产品和高分子化合物两个完整体系，《1956—1967年科学技术发展远景规划纲要》中部署了研究其加工成型方法，要求研制橡胶塑料和纤维等材料，同时研究这些材料的机械、物理性能。我国复合材料的研发由此拉开序幕。在随后的20年里，我国的复合材料技术得到快速发展，研制出包括玻璃钢、增韧石英纤维在内的多种复合材料，很好地支撑了国防军工的发展。

20世纪80年代，为使复合材料更好地发挥出不同材料的长处，复合材料共性科技问题研究受到全球关注，复合材料的成分—组织—结构—缺陷与性能的相互关系、复合材料形变/断裂/强度与损毁理论、碳化硅纤维的强度与微观结构的关系等研究任务也正式列入《1978—1985年全国科学技术发展规划纲要》，这一时期取得的研究成果为后续发展奠定了良好的基础。

20世纪90年代，国家重点工程建设对技术经济效益显著、应用前景广阔的新型材料提出急迫需求，复合材料技术发展再一次得到推动，包括树脂基、金属基、陶瓷基、碳基复合材料在内的高性能复合材料的研发与应用全面列入《国家中长期科学和技术发展规划纲要（1990—2000—2020年）》，碳纤维/芳纶纤维/碳化硅纤维等复合材料用高性能增强剂、高性能改性环氧/聚酰亚胺等热固性基体树脂、耐辐照/耐介质/耐高低温特殊性能的弹性体、高性能复合材料配套用各种辅材和助剂、功能梯度复合材料和多功能复合材料等研究在《科学技术发展十年规划和"八五"计划纲要（1991—1995—2000）》中得到了具体部署。一系列规划的实施，极大地推动了我国复合材料技术的发展，开发出了多种复合材料新品种，提升了复合材料性能，发展了具有市场前景的复合材料制品工业化生产技术，在一定程度上满足了我国高技术发展和市场的需求。

进入21世纪后，复合材料技术的地位得到进一步提升，高性能复合材料及复合结构部件制备技术、高性能纤维及复合材料产业化工程先后被列入国家"十一五"规划和"十二五"规划。前者成为"十一五"期间我国加强材料领域技术攻关的一项重点任务；后者则被作为"十二五"、863 计划新材料领域的一项重大项目予以实施。该重大项目聚焦一项重要任务——高性能纤维的低成本化、规模化、稳定化制备技术研究，要求形成高强、高强中模、高模和高模高强碳纤维产品系列。通过 5 年的艰辛努力，我国的新一代高性能纤维技术得到了快速发展，并初步建立起高性能纤维及复合材料的完整产业链，取得了以下标志性成果：建成了首套基于废旧纺织品的物理化学法聚酯再生生产线和低熔点聚酯再生纤维熔体直纺生产线；芳纶及其复合材料技术得到跨越式发展，对位芳纶实现批量制备；基本掌握百吨级湿法纺丝碳纤维生产线建设及部分关键装备设计制造技术，干喷湿纺碳纤维生产线及工业级碳纤维生产线建设已初见成效；实现了 CCF-1 级碳纤维工业规模生产，突破了 CCF-3 级碳纤维工程制备关键技术，制备出 CCF-4 和高模碳纤维。上述成果为我国碳纤维产业从试制型走向规模型奠定了基础。

未来，需要继续研究碳纤维、芳纶等高性能纤维及其复合材料技术，发展吸音蜂窝复合材料制造及在商用航空发动机上的应用技术、极端环境特种服役构件用构型化金属基复合材料技术、高端装备用高强轻质 / 高强高导金属层状复合材料研制及应用技术，以及大尺寸高导电铜基复合材料技术等先进复合材料技术，继续发展和完善复合材料体系。

金属材料

金属材料是指具有光泽、延展性、易导电传热等性质的材料，是能源、交通、机械、电子、化工、轻纺等领域发展所需的重要原材料。随着我国材料科学技术的不断进步，金属材料在加工、制备、工艺、设备等方面取得了较大、较快的发展。

20 世纪 50 年代初期，我国钢铁年产量快速增长，需依靠强大的冶金技术支撑，不断提高冶金设备的生产能力。当时我国电炉容积小，生产率较低，为进一步提高劳动生产率和产品质量，《1956—1967 年科学技术发展远景规划纲要》在炼铁方面部署了加湿鼓风和高压炉顶操作技术、新的炼铁方法、建设实验高炉、利用贫铁矿和劣质煤焦直接炼铁的新工艺技术研究。在炼钢方面部署了氧气炼钢、平炉快速炼钢、转炉－电炉双联法、真空处理和顶吹式转氧气炼钢、连续铸锭等技术研究。在炼铝方面部署了改进铝的提炼过程，建立铝冶金工业。在炼镁方面布局了从白云石、盐卤和菱镁矿等提取镁的工艺技术方向。在冶金物化方面部署了金属、熔渣、气体、熔盐等的热力学性质与反应动力学技术研究。在此基础上，我国对先进的生产方法和技术进行推广，促进了冶金过程发展，掌握了沸腾层焙烧、悬浮熔炼、富氧吹炼及从烟尘中提取各种有用成分的方法等，解决了低品位矿、复杂矿、氧化矿等的处理问题，为进一步发展精炼技术、提高金属纯度、改进集尘设备和提高资源综合利用率打下了坚实的基础。

随着我国工业技术的发展和新技术的进步，对金属纯度提出了更高的要求，超纯金属及真空冶金成为一项重要的研究任务，在《1963—1972 年科学技术发展规划纲要》中，部署研究超纯金属及真空冶金的物理化学技术、氧气顶吹转炉炼钢过程的物理化学技术研究，布局新的特殊金属材料的加工方法与理论研究方向。规划的实施进一步提升了我国在金属材料领域的冶炼水平，提高了在金属纯度、强度等方面的研究能力。

随着我国的农业、工业、科学技术向现代化快速发展，建设中需要大量的金属材料，在《1978—1985 年全国科学技术发展规划纲要》中，注重金属材料的工艺、加工、物理化学性能等方面研究，部署材料的制备、加工与成型过程对性能的影响，金属的铸造、压力、加工、焊接、热处理工艺对组织和性能影响，以及金属超塑性技术研究。在钢铁的腐蚀行为与金属学因素的关系方面，部署钢铁的成分和组织结构对腐蚀行为的影响规律研究。在氧化与热腐蚀方面，部署金属氧化过程动力学研究。在海水与工业水腐蚀与防护方面，布局不锈钢的腐蚀机制与规律、高强钢的腐蚀机制与规律研究方向等。

20 世纪末期，我国在发展中注重加强资源开发和综合利用。

为满足我国工业、能源等领域的发展需求，提高金属材料的质量，增加品种，在《1986—2000年国家中长期科学和技术发展规划纲要》中部署黑色和有色金属研究。在《国家中长期科学和技术发展规划纲要（1990—2000—2020年）》中，开展富锰矿、优质锰矿和铬矿的成矿预测，部署铝、铅、锌、锡、锑和稀有金属资源的加速勘查。部署炼铁综合技术、炼钢技术、轧钢技术，铜、铝冶炼加工技术，钨、锑及硬质合金深度加工技术，金、银资源开发利用技术研究等。布局超高强钢、高强和超高强的高韧性钢、壳体钢、低温钢，不锈耐热钢、耐磨蚀钢加工技术。在《科学技术发展十年规划和"八五"计划纲要（1991—1995—2000）》中，面向传统工业的技术改造等需要，还部署了新金属材料技术研究。在这一阶段，我国在铝、铁、钢材料技术领域得到了深入发展，铜、金、银、铝、铅、锌、锡、锑及稀有金属资源问题的短缺初步解决。

随着金属材料技术的进步，金属材料向高质量发展，为解决我国制造技术基础薄弱，创新能力不强，产品以低端为主，制造过程中资源、能源消耗大，污染严重等问题，在《国家中长期科学和技术发展规划纲要（2006—2020年）》中，部署可循环钢铁流程工艺与装备技术研究，布局以熔融还原和资源优化利用为基础，集产品制造、能源转换和社会废弃物再资源化三大功能于一体的新一代可循环钢铁流程技术。部署开发二次资源循环利用技术，冶金过程煤气发电和低热值蒸汽梯级利用技术，高效率、低成本洁净钢生产技术等，进一步提升了我国金属材料的工艺水平，提高了资源利用率。金属材料技术在这一阶段进步巨大，超高纯轴承钢冶金质量达到国际先进水平；开发的双相不锈钢批量应用于世界上最大吨位的双相不锈钢化学品船；开发了 11 项高端硅钢新产品。成功研制出首套 300 mm 级大断面特厚钢板辊式淬火装备；极地船舶用超低温耐磨损腐蚀钢成功研制，为我国"冰上丝绸之路"发展提供有力支撑。突破真空自耗重熔熔滴速率控制技术、热加工终锻温度精控技术等，实现大型飞机用钢批次稳定工业化生产；2000 MPa 级桥索钢已经实现批量工业性试制。研究开发的 X80 热轧钢板实现了工业试制，初步满足制管要求；研发出高性能 SA543B 核电用钢，成为新一代压水堆核岛容器用钢板首选材料；解决了高纯铜锭坯晶粒度粗大的难题，建立 6N 超高纯铜批量生产线，产能达到 60 吨 / 年。

金属材料的发展越来越趋向多元化，以满足不同领域的应用需求。在金属材料的高纯性、轻质化、工程技术应用方面，发展高纯金属材料技术、高强轻质金属结构材料精密注射成形技术、耐热材料与部件研制技术、高端金属铸件智能液态精密成型技术、冶金领域关键部件表面工程技术与应用技术、高能量密度金属锂基二次电池技术、贵金属减量化关键技术等。

无机非金属材料

　　无机非金属材料是基于元素氧化物、碳化物、氮化物或硅酸盐、磷酸盐等组成的材料，广泛应用于建筑、制造等多个领域，对人们的生产生活有着重要作用。

　　新中国成立之初，我国注重发展建筑工业化，面向大规模机械化、自动化生产需求，结合建筑设计理论和新型建筑材料，对标国外已有的成熟生产经验和重要产品，在《1956—1967 年科学技术发展远景规划纲要》中，部署研究特性水泥、建筑用玻璃等技术，研究使用低成本原料制造高效能的建筑材料。同时，为满足我国公路建设的需要和新型运输工具的发展，规划中部署研究公路路面材料和线路塌方防治问题。

　　我国幅员辽阔，但森林资源不足，对木材的需求和木材供应短缺的矛盾突出，亟须发展木材代用技术，在《1963—1972 年科学技术发展规划纲要》中，发展钢筋混凝土和预应力钢盘混凝土构件代替建筑用木材。部署研究钢筋混凝土支架等代替坑木技术。研究钢筋混凝土轨枕代替枕木技术和建筑结构、建筑材料技术，缓解了我国木材资源不足的问题，奠定了无机非金属材料技术的发展道路。随着建筑、工业、工程建设的发展，对高质量高性能的无机非金属材料提出了新的需求，轻质高强成为无机非金属材料的重要研究方向，《1978—1985 年全国科学技术发展规划纲要》结合我国资源特点，开展无机非金属材料的性能及机制研究，特别是水泥、混凝土技术的研究。部署研究硅酸盐材料组分、结构与性能的关系及其形成条件，研究水泥熟料形成过程及其性能，研究利用工业废渣作为水泥原料的合理配方、熟料形成机制及微量组分影响，研究混凝土的组分、结构形成与性能关系。在材料的形变、断裂、强度与损毁理论方面，研究混凝土强度理论。在水泥混凝土硬化理论方面，研究新品种水泥水化生成物及其硬化理论，水泥混凝土在外加剂作用下的早强机制及其主要影响因素，加热养护条件下水泥混凝土的硬化理论，高强混凝土的组成材料性质对强度与变形的影响，侵蚀介质对水泥混凝土水化、硬化的影响及混凝土的耐久性能等技术。在工程结构抗震、抗暴理论研究方面，研究结构材料和结构件在随机振动和冲击波荷载下的动力性能。无机非金属材料在轻质、高强、耐高温、耐腐蚀，以及耐低温和高韧性技术方面得到了快速发展。

20 世纪 80 年代，针对新型高性能无机非金属材料种类、性能、工艺、制备领域的研究逐渐展开，如《1986—2000 年国家中长期科学和技术发展规划纲要》部署了研究开发新型结构和功能陶瓷材料，《国家中长期科学和技术发展规划纲要（1990—2000—2020 年）》部署了研究超纯、超微粉材料制取工艺及材料的物质结构,《"九五"计划和到 2010 年长期规划纲要》部署了新型结构材料,《国家中长期科学和技术发展规划纲要（2006—2020 年）》部署了研究智能材料与结构技术、智能材料制备加工技术、智能结构的设计与制备技术、关键设备装置的监控与失效控制技术等。在"十三五"规划中,突出了高性能无机非金属材料技术研究,并以高性能纤维及复合材料为核心,以轻质高强材料、陶瓷基复合材料、材料表面工程、3D 打印材料为重点,着力解决材料设计与结构调控,结构与复合材料制备及应用共性技术等问题。规划实施成效显著,提出了适用于微纳、薄膜、粉末、块体材料等材料跨尺度的高通量制备方法,实现了陶瓷纳滤膜国产化。掌握了水工大坝用微膨胀低热水泥中方镁石晶体调控技术,开发了新型道路硅酸盐水泥熟料,形成了电子玻璃基板生产核心技术。成功研制出首块大尺寸、曲面异型结构超薄型无机复合防火玻璃。开展了高纯、超细、高烧结活性氮氧化铝、氮化铝等新型粉体原料的新型高效合成技术及合成机制研究。确定了隔热耐火材料高温失效影响因素等。

当前,无机非金属材料正向着轻量化、高强度、高刚度、耐高温、耐腐蚀方向发展,聚焦吸音蜂窝复合材料、精密结构陶瓷部件、碳陶（C/C-SiC）制动盘及配对闸片、碳化硅光学 - 结构一体化构件、高性能硅氧基纤维、桥梁用大吨位碳纤维复合材料拉索、复杂环境结构混凝土关键材料与应用技术等。

高分子材料

20 世纪 50 年代，高分子化合物种类和性质向着多样化发展，被广泛应用于各种近代工业中，这一时期，我国对化学工业中高分子化合物的生产和研究刚刚具备初步认识，在《1956—1967 年科学技术发展远景规划纲要》中，我国开始注重发展高分子材料技术和高分子科学。部署研究合成高分子化合物的聚合方法、加工成型方法，研制橡胶塑料和纤维等材料。研究新型高分子化合物的合成、高分子化学形成的反应机构、高分子的结构及期限与机械物理性质的关系，以及新型的、具有指定性能的高分子化合物。研究材料的机械物理性能及应用，发展高分子化学科学。我国从无到有地建立了高分子等工业科研体系，研制成功了一些质量要求较高的燃料、润滑油脂、电器绝缘油脂等产品，开辟了顺丁橡胶单体合成新路线，自行研制出我国第一个性能良好的通用橡胶品种。高分子材料种类发展多样化，对高分子材料共性技术支撑能力提出了需求，如材料的成分、组织、结构、缺陷与性能的相互关系等。在《1978—1985 年全国科学技术发展规划纲要》中，注重材料的共性技术研究，部署研究高分子材料多重结构及其与性能的关系。在新材料探索与材料设计方面，部署研究有机高分子新材料合成、数据积累和设计。在高分子材料静态腐蚀行为方面，以聚烯烃塑料及玻璃纤维增强塑料为主要对象，研究在介质环境下腐蚀过程的热力学及动力学，研究介质的扩散、渗透规律及各种影响因素。在高分子材料的动态腐蚀行为方面，研究应力、温差、流速对腐蚀过程的影响，研究应力腐蚀条件下的应力松弛规律及蠕变规律。在电解质基础理论研究方面，研究新型高分子化合物或合成材料的合成及其在绝缘技术中的应用，研究高分子化合物的改性技术。有力促进了对高分子材料在基本原理、合成方法、腐蚀特性等方面的认识，为后续高分子材料向高性能、多种类发展奠定了基础。

20世纪80年代，强度大、耐腐蚀、易加工、绝缘性好的高分子材料成为我国高分子材料发展的重点。《1986—2000年国家中长期科学和技术发展规划纲要》中部署了有机高分子材料的研究。《国家中长期科学和技术发展规划纲要（1990—2000—2020年）》中，部署研究新型有机高分子材料、高性能工程塑料。研究工程塑料合金和共混物，专用有机原料及配套助剂的制造技术，反应性加工、耐高温塑料加工等新兴加工技术和装备。研究功能高分子材料，重点开发具有电磁功能、光学功能、分离功能、催化功能等的功能高分子材料。研制塑料光纤、光盘及其配套材料。研究满足特殊使用要求的其他有机高分子材料。在《科学技术发展十年规划和"八五"计划纲要（1991—1995—2000）》中，面向高技术发展部署了研究新型高分子材料技术。在"十三五"时期，还提出要加快新材料技术的突破和应用，加强特种工程塑料等技术的研究及应用。通过在高分子材料技术方面的深入研究，合成了系列化匹配拉伸形变支配的短流程加工工艺的超高分子量聚乙烯（UHMWPE）树脂，研制成功可以连续挤出加工分子量 200 万以上的纯 UHMWPE 管材挤出设备。构建碱性蛋白酶、角蛋白酶、胰蛋白酶、脂肪酶等酶制剂发酵工程菌技术和制革生物脱脂技术，突破了环路喷射式乙氧基化装置、缩合分馏环路多功能装置、二噁烷脱除装置等表面活性剂制备中关键装置制造技术，填补该领域的国内空白。

高分子材料的发展越来越受到关注，随着信息技术、制造技术、基础学科等领域的发展，现代工业及产业体系对高分子材料技术的发展提出了更高的要求，高分子材料正向着生物性、多功能性方向发展。发展高性能纤维、树脂技术，高性能医用高分子关键材料技术，耐溶剂型复合有机膜材料制备及应用技术，可反复化学循环生物降解高分子材料技术，高性能全芳香族纤维系列化与规模化制备关键技术，面向高端应用的阻燃高分子材料关键技术开发和低成本生物基工程塑料的制备与产业化技术等，对推动高分子材料技术的发展提供了有力支撑。

化肥

化肥为全球粮食增产做出了约 50% 的贡献，在发展中国家，化肥对粮食增产的贡献可以达到 60% 左右。在我国，化肥也是助推农业发展的一大决定性因素。

新中国成立初期，我国需要大量农业肥料，且绝大部分是无机盐类，《1956—1967 年科学技术发展远景规划纲要》在化学工业方面提出肥料生产中应注重有关资源的勘探，结合我国农业的需要与无机化学工业的发展情况，研究生产肥料的新品种和新方法，并据此提出开展矿物肥料、农业药剂和重无机化学产品生产过程的研究。在矿物肥料方面，主要从氮肥、磷肥、钾肥等方向进行了布局：氮肥着重成本降低、生产过程强化、各种新品种氮肥和复合肥料生产等问题的研究；磷肥的研究主要从勘探新矿藏、改进生产工艺、廉价磷酸盐矿渣肥料 3 个方面开展；钾肥则首先要解决水溶性钾盐矿的资源问题，而在钾盐矿未大量发现以前，应进行综合利用明矾石的研究。硼、铜、钼等用量小而收效大的微量肥料元素也是值得注意的研究方向。

在 1957 年 9 月 20 日至 10 月 9 日举行的中共八届三中全会

上，陈云所作的《关于改进国家行政管理体制问题和关于农业增产问题的报告》中提出了发展化肥工业的设想。报告指出要开始大规模发展化学肥料，这是农业增产最快、最重要的一条途径。《1963—1972年科学技术发展规划纲要》在农业科学技术领域提出了化学化是农业技术改革的重要内容，其中关于化肥的研究是农业化学化的重要组成内容。由于化肥肥效田间试验工作是推广化肥的先行条件，对发展化肥新品种也更为重要，必须积极开展化肥肥效的试验和经济施肥方法的研究。一方面，通过在南方稻田施用尿素、北方施用硝铵等，采用不同地区试验不同新品种化肥的方式，找出对各种土壤、作物的增产幅度、经济效益和施肥方法等；另一方面，在化肥施用经验不足的地区，研究提出不同地区主要土壤类型和主要农作物在不同栽培条件下适用化肥的品种、施用量、施肥时间和方法等。大力开展对磷肥的研究，解决短时期内氮肥难以满足需要的问题，同时应结合我国以生产高浓度磷肥为主的特点，研究"以磷带氮"对豆科作物施用磷肥以增加有机氮肥的方法。注重农业化学化经济效果的评估，为化肥投放计划提供依据。

我国化肥工业技术水平不断提高，由简单的单质肥逐步向复合肥转变，同时为了减缓过度使用化肥对土壤、水体、空气等带来的压力，更加重视科学施肥技术的研究，《1978—1985年全国科学技术发展规划纲要》关于化肥技术的重点研究方向是研究快速增加有机质培肥土壤的途径及科学施肥技术，发展生物和化学模拟固氮，研究发展高效复合肥料。《1986—2000 年国家中长期科学和技术发展规划纲要》继续强调施肥技术的重要性，深入研究、开发区域性综合配套配方施肥等农业生产技术。《国家中长期科学和技术发展规划纲要（1990—2000—2020 年）》在化学工业中从化学肥料领域对此进行了补充。在化学肥料方面，突出立足国内，开发设计、改造、建设各种规模的生产装置，加强化肥规模化生产。

从氮肥来看，进一步提高各种原料的气化技术，研究多种高效催化剂，开发高效低耗的净化工艺，研制气化炉、合成塔等新型设备，大幅降低合成氨装置能耗。从磷肥来看，依据我国资源特点，围绕磷铵、重钙等生产装置和配套规模的磷石膏制酸装置的建设，改进湿法磷酸生产工艺，加强新型萃取反应器开发，研制大型过滤机、换热器等关键设备，并提高黄磷及热法磷肥的生产技术。与此同时，仍要重视基础肥料产品规格化和长效肥料、微量元素肥料、微生物肥料的研究，继续加强科学施肥的研究，逐步建立完善按土壤、气候、作物配方加工和施用的生产技术体系，促进我国化学肥料生产技术接近国际水平，提升高养分和复合肥料的使用率。

伴随着化肥使用量的不断增加，肥料增产的能力及利用率却持续下降，对应的养分在土壤内的残留和损失还在不断提升，过量施用化肥造成肥料的利用率降低及产生的环境危害逐渐成为广泛关注的问题。围绕环境友好型社会建设要求，《国家中长期科学和技术发展规划纲要（2006—2020 年）》在农业领域明确提出重点研究开发环保型肥料，农药创制关键技术，专用复（混）型缓释、控释肥料及施肥技术与相关设备，布局环保型肥料研发和施肥技术研究。"十一五"时期，提出开发新型肥料研制与高效施用技术，加强农业优质高产高效安全技术研究。"十三五"时期，突破肥药减施，重点开展生物肥料研究。产业质量提升、助力农业现代化、提高国际竞争力仍是我国化肥行业高质量发展的重要方向，面向以消费为导向的供给侧结构性改革，要加强重视化肥产品的增值、生产模式的升级和智能技术的应用。

农药

农药既是生产资料，也是重要战略物资，在粮食供应、疾病防控、杀灭病菌和抑制病原产生等方面起到显著作用，但其对环境的污染问题也值得关注，随着观念更新和技术发展，农药研发方向也不断发生着改变。新中国成立以后，一些高等院校相继开设了农药专业，为农药行业输送大批高级专门人才，为农药创新研究工作奠定了基础。《1956—1967年科学技术发展远景规划纲要》在化学工业领域强调农业药剂的研究，提出要设法提高农业药剂现有产品效能，并创造更多的新品种。在总结药剂的作用机制和分子结构与生理活性的关系是农药方面最根本性理论研究的基础上，根据不同地区的情况、作物的种类、病虫害的类型、施用的方法等进行田间试验，研究农药的使用剂量和效果，进而开展农药推广。这一阶段，我国农业药剂（包括杀虫剂、杀菌剂、植物刺激剂等）从侧重使用无机化合物转向使用有机化合物——如杀虫剂滴滴涕、六六六、有机磷内吸杀虫剂、有选择性防莠剂等。这些新型的有机农药效力高且宜于大面积施用，是提高农业生产不可缺少的化学产品。

在农业发展过程中，我国有机磷农药的研究取得了巨大进步，但农药生产不论品种或质量都远不能满足需要。《1963—1972年科学技术发展规划纲要》将农业化学化纳入农业科学技术领域，积极开展农药研究。前瞻性地思考了生态保护问题，提出发展高效低毒有机磷农药，发展具有内吸性的农药和有选择性的农药。积极研究除莠剂的生产、使用问题及植物生长刺激素。突出杀虫、杀菌、杀草剂和抗生素的作用机制，化学结构与生物活性，农药的内吸机制和害虫的抗药性等农药药理作用和抗药性的研究。

随着农药负面效应凸显，我国逐渐对部分农药品种进行了减产和禁用，仿创并进，农药新品种研发步伐不断加快，产业化迅速。《1978—1985年全国科学技术发展规划纲要》提出研究农作物主要病虫草害的综合防治技术，发展生物防治和微生物农药，积极研制除草剂，研究发展高效、低毒、低残毒的新农药和中间体，延续了《1963—1972年科学技术发展规划纲要》对生态环境保护的思路。在农业生产中，需要大量廉价的高效、低毒和低残留的农药，为帮助解决大型农药工厂中的关键科学问题，设置了一系列化学工程学重点研究项目。改革开放以后，我国专利法历经多次修改，在给我国农药技术研发带来巨大挑战的同时，也促进了我国农药创新与国际接轨，加速了我国由以模仿为主、仿创并举向自主创新的转变。《国家中长期科学和技术发展规划纲要（1990—2000—2020年）》在化学工业中继续加强高效、安全、经济新产品的开发，研究和创制 20 ～ 30 个新品种，重点开发除草剂，增加杀菌剂，调整杀虫剂品种，努力研制生物农药。重视配套中间体的开发，提高中间体的质量和生产技术。研制农药新制剂和新剂型，以及加工、包装设备。开拓农药在卫生、仓储、园艺、交通等领域的应用。仍从保护生态环境的角度，重点解决农药生产的"三废"治理技术，加强安全评价，使农药工业兼有较好的经济效益、社会效益、生态效益。"九五"期间，我国先后建成了北、南 2 个农药创制（工程）中心，共形成 6 个农药创制基地，并支持了一批高校、科研院所、中间实验车间或产业化示范企业的建设和发展。

新品种的创新，特别是关键技术的突破，极大地提高了我国农药工业的整体水平，我国农药自主创新能力也得到极大提高。以科学发展观为指导，《国家中长期科学和技术发展规划纲要（2006—2020 年）》将环保型肥料、农药创制和生态农业设立为农业的优先主题，重点研究开发环保型肥料、农药创制关键技术，依然从环境保护的角度开展农药技术研究。"十一五"时期，开展农药创制工程，突破新化合物优化设计、高效合成、高通量筛选等农药创制环节关键技术，完善农药安全性评价与质量评价GLP 体系。"十三五"时期，面向农业面源污染和重金属污染农田综合防治与修复，突破农林生态系统氮磷、有毒有害化学品等污染机制基础理论及防治修复重大关键技术瓶颈。

材料处里写材料

工作期间，经历了中美贸易摩擦带来的科技新挑战，材料领域面临着新风险，处内工作不断调整，我的岗位职责与要求也有了新的变化。既要做好本职工作：材料与信息、生物技术最大的相似之处在于同属"基盘技术"，对相关应用技术和产业发展具有较强的基础性支撑作用，所以在应对外部环境变化时，材料领域面临着"有无决定生死"的局面；又要协同攻坚：司内人手少，新增任务重，只能是分工不分家，因而材料处在一定程度上也承担了一些"写材料"的工作，虽是业务之外，却是分内之责，在跨领域融汇之际，也从另外的视角看看材料技术自身的发展，在提高综合思维能力的同时，也对公文写作能力的提升很有帮助。在此，摘录部分内容作为工作思考的体会。

现代化经济体系的主要特征

习近平总书记在中央政治局十九届第三次集体学习时强调，现代化经济体系是由社会经济活动各个环节、各个层面、各个领域的相互关系和内在联系构成的一个有机整体，包括创新引领、协同发展的产业体系，统一开放、竞争有序的市场体系，体现效率、促进公平的收入分配体系，彰显优势、协调联动的城乡区域发展体系，资源节约、环境友好的绿色发展体系，多元平衡、安全高效的全面开放体系，要建设充分发挥市场作用、更好发展政府作用的经济体制。

现代化经济体系既涵盖了经济学的理论范畴，又因应了中国特色社会主义经济的发展实践。总的来说，现代化经济体系主要有以下几个典型特征。

1.更富中国特色的社会主义经济体系

现代化经济体系是新时代中国特色社会主义经济思想的核心概念。现代化经济体系是马克思主义政治经济学基本理论与中国改革开放新实践相结合的成果，是新时代中国特色社会主义理论体系的重要组成部分。党的十九大报告首次提出"建设现代化经济体系"，旨在解放和发展社会生产力，坚持社会主义市场经济改革方向，加速各类现代化要素的投入和积累，全面释放改革红利，不断增强我国经济创新力和竞争力，实现更高质量、更有效率、更加公平、更可持续的发展。

现代化经济体系紧扣新时代我国社会主要矛盾。经过 40 年的发展，我国社会生产力水平总体上显著提高，社会生产能力在很多方面进入世界前列。现阶段人民美好生活需要日益广泛，不仅对物质文化生活提出了更高要求，而且在民主、法治、公平、正义、安全、环境等方面的要求日益增长。更加突出的问题是发展不平衡不充分，这已经成为满足人民日益增长的美好生活需要的主要制约因素。社会主要矛盾的变化，没有改变我国社会主义所处的历史阶段，我国仍处于并将长期处于社会主义初级阶段的基本国情没有改变。要破解这一矛盾，就必须更高水平发展生产力，更大力度调整和完善生产关系，积极推进现代化经济。

现代化经济体系体现高质量发展阶段的必然要求。从国内看，尽管我国经济增速已由高速增长转为中高速增长，经济结构由以中低端产业为主转为向中高端产业发力，增长动力由传统的投资、出口拉动转向创新驱动。但是，一些长期积累的深层次问题仍然突出，经济发展正处在转变发展方式、优化经济结构、转换增长动力的攻关期，面临"黑天鹅""灰犀牛""木桶"效应等风险，面临能否顺利跨越"中等收入陷阱"的考验。从国际看，虽然世界经济复苏有了一些起色，但国际金融危机的深层次影响还在继续显现，结构性矛盾还没有得到很好解决，贸易保护主义、民粹主义及逆全球化思潮抬头，国际大宗商品市场、主要经济体宏观政策、地缘政治冲突都存在巨大变数，对我国发展的影响不可低估。

2. 更高质量的经济发展阶段

高质量发展阶段与经济发展新常态的思想是一致的。新常态就是增长速度换挡、发展方式转变、经济结构优化、增长动力转换，其中，增长速度换挡就是高增长阶段已经结束，发展方式转变、经济结构优化、增长动力转换可以集中概括为高质量发展。改革开放以来，我国经济高速增长主要依靠一般性生产要素的大规模粗放投入来实现，但是，我们现在面临着资源能源日益短缺、环境治理压力加大、人口红利逐步消失等一系列制约和挑战，通过大规模资金投入拉动经济增长的模式也受到边际效应递减规律的制约。因此，必须提高供给体系质量和效率，扩大有效和中高端供给，增强供给侧结构对需求变化的适应性，推动我国经济朝着更高质量、更有效率、更加公平、更可持续的方向发展。

高质量发展阶段是新时代对经济发展内涵与目标提出的新要求。以往的高速增长固然为我们创造了巨大的财富，大大缩短了与世界先进国家之间的距离，但也存在发展效率不高、依赖传统动能过重、资源环境消耗过大等问题。只有提高发展质量，才能很好地解决发展中不平衡和不充分的问题。而且，有质量的发展，尽管速度可能会慢一些，但发展的效果要比没有质量的高速增长更好。在现阶段，如果经济增长的动能主要来自科技进步，经济发展更加协调，市场上的有效供给明显增加，无论是产品还是服务的质量均有显著改善，这样发展的效果应该质量更好。

高质量发展阶段体现了从速度向质量和效益转变的新理念。"高速"指向数量或规模，往往是经济发展初级阶段的目标，用以标注"快不快"；"高质量"则是经济发展达到一定水平之后才会有的目标，强调质量和效益，是回答"好不好"。我国已解决了十几亿人的温饱问题，总体上实现小康，不久将全面建成小康社会，因此，经济发展要从单纯追求总量扩展转变为适应人们更高标准的、更加多样化的需求。

3. 更高效益的经济增长方式

更高效益的经济增长关键在于增长动力的转换。中国经济发展进入新常态，支撑要素驱动型增长方式的条件和环境已发生了深刻变化，原有的增长动力和发展方式已难以持续。实现经济增长动力和发展方式的转换，关键是要从依靠要素驱动转向效率驱动和创新驱动，实现高速增长向高效增长的转型。在经济增速放缓和要素成本提高的环境下，只有提高全要素生产率，企业才能保持或接近过去高速增长时期的盈利水平，资源环境压力才能逐步减缓。因此，要推动要素驱动向效率驱动和创新驱动转换，促进经济从高速增长向高效增长跃升。

更高效益的经济增长方式是推动经济持续健康发展的必要条件。随着发展阶段的变化，劳动力、土地、矿产资源等生产要素低成本优势正在减弱，企业创新能力不强的问题进一步显现，特别是随着我国人口结构发生变化，劳动年龄人口增长放缓，老龄化进程加快，储蓄率和投资率逐步调整，经济增长下行压力和制造业产能相对过剩的矛盾趋于突出，依靠大规模增加资源和要素投入、不断扩大产能推动经济高速增长的路子越来越走不下去了。总体来看，支撑经济增长的主要因素已经由以生产能力的大规模扩张为主转向以提高生产效率、提高技术进步对经济增长的贡献率为主，经济发展的主要任务已经由以经济规模扩张为主转向以提高经济增长质量和效益为主，更高效益的经济增长方式已成为推动经济持续健康发展的必要条件。

经济高效增长的核心是提高产业价值链和产品附加值。从高速增长转向高效增长，要让创新成为驱动发展的新引擎，加快推进科技与经济的融合，促进市场导向的科技创新，增强科技对提高经济增长质量和效益的支撑能力，推动产业向中高端水平迈进。产业向中高端水平迈进，核心是提高产业价值链和产品附加值，创造条件培育工业机器人、信息网络、集成电路、新能源、新材料、生物医药等新兴产业领域，推动智能制造、分布式能源、网购、互联网金融等新型制造和服务业态发展，促使企业向研发、设计、标准、品牌和供应链管理等环节提升。

4.更加完善的产业体系和空间布局

现代产业体系是建设现代化经济体系的重要支撑。现代产业体系是中国语境下的概念，与党的十九大报告提出的"现代化经济体系"相呼应和相适应，是专指与当前我国贯彻新发展理念，建设现代化经济体系相适应的产业体系。西方经济增长理论强调劳动、资本、技术三要素，认为经济金融化甚至虚拟化是发展水平较高的标志。但是，国际金融危机和中国特殊的国情决定了我国不可能重走西方国家经济发展的老路。我国的现代化进程离不开实体经济的大发展，更加依赖经济投入三要素的质量和效率，不能任由经济的无限制虚拟化，要开发质量更高的人力资源，依靠现代金融给现代化经济体系注入强劲的动力，追求在自主创新能力基础上的科技创新。

现代产业体系是以实体经济为主体的产业体系。我国是一个大国，必须发展实体经济，不断推进工业现代化，提高制造业水平。建设现代化经济体系的着力点是实体经济，战略任务是加快建设实体经济，战略措施是深化供给侧结构性改革。随着我国社会主要矛盾转化和经济由高速增长阶段转向高质量发展阶段，制约经济持续健康发展的因素既有供给问题也有需求问题，既有结构问题也有总量问题，但供给侧和结构性的问题是矛盾的主要方面。供给结构失衡，不能适应需求结构的变化；供给质量不高，不能满足人民美好生活和经济转型升级的需要；金融、人才等资源配置存在"脱实向虚"现象，影响了发展基础的巩固。必须把发展经济的着力点放在实体经济上，以提高供给体系质量作为主攻方向，显著增强我国经济质量优势。

产业布局是一个国家或地区经济发展规划的基础。完善的产业体系必须优化产业空间布局，进一步建设现代化空间布局结构，打造国土资源利用效率高、要素密集程度大、生态容量适度、区域发展差距较小的生产力布局结构。产业布局理论是一门研究产业空间分布规律的学问。产业布局理论研究产业地域分布的影响因素、基本规律、演进过程和产业布局的原则、模式、政策等问题，为人们干预产业的地理空间分布、实现资源合理配置提供理论依据。例如，梯度推移理论认为，在进行产业开发时，要从各区域的现实梯度布局出发，优先发展高梯度地区，让有条件的高梯度地区优先发展新技术、新产品和新产业，然后再逐步从高梯度地区向中梯度和低梯度地区推移，从而逐步实现经济发展的相对均衡。

5.更高效率的资源配置方式

高效的资源配置方式推动改革、释放红利。资源配置是在一定的范围内社会对其所拥有的各种资源在其不同用途之间的分配。资源配置的实质就是社会总劳动时间在各个部门之间的分配。资源配置合理与否，对国家经济发展的成败有着重要的影响。一般来说，资源如果能够得到相对合理的配置，经济效益就显著提高，经济就能充满活力。高效、合理、可持续的资源配置方式，是确保社会充满活力、和谐有序的重中之重，是实现社会公平正义的基本手段，是发挥我们制度优越性的根本途径。全面深化改革，释放发展红利，归根到底是在我国社会各个领域建立起更高效、更合理、可持续发展的资源配置方式。

市场在资源配置中起决定性作用。经济发展就是要提高资源尤其是稀缺资源的配置效率，以尽可能少的资源投入生产尽可能多的产品，获得尽可能大的效益。理论和实践都证明，市场配置资源是最有效率的形式。健全社会主义市场经济体制，着力解决市场体系不完善、政府干预过多和监管不到位等问题。做出"使市场在资源配置中起决定性作用"的定位，有利于在全党全社会树立关于政府和市场关系的正确观念，有利于转变经济发展方式，有利于转变政府职能。

高效的资源配置需要更好发挥政府作用。经过改革开放，我国社会主义市场经济不断完善，市场化程度不断提高，面对经济发展新常态下出现的新形势、新问题、新挑战，进一步完善社会主义市场经济所需要解决的主要矛盾，突出表现为处理好政府和市场的关系。当前，我国仍然存在市场体系不完善、市场规则不统一、市场秩序不规范、市场竞争不充分的问题，仍然存在不少束缚市场主体活力、阻碍市场和价值规律充分发挥作用的弊端。发展社会主义市场经济，既要发挥市场作用，也要发挥政府作用，加强和优化公共服务，保障公平竞争，加强市场监管，维护市场秩序，推动可持续发展，促进共同富裕，弥补市场失灵。

经济发展与科技创新的内在联系

习近平总书记在党的十九大报告中指出，创新是引领发展的第一动力，是建设现代化经济体系的战略支撑。纵观人类经济社会发展的历史，无论是科技革命带来的产业革命、世界科技中心的转移带来的经济中心的转移，还是世界范围内物质文明的发展、我国近年来经济的高速增长，无不体现了科技创新对经济发展直接而强有力的推动作用。

1.科技革命与产业革命密切相关

纵观工业经济时代，历次产业结构的调整、历次先导产业的出现及其更换，都无疑归功于科技创新的结果。科学革命推动技术革命，而技术革命最终推动着产业革命的到来，从而推动着世界经济向更高阶段发展，并且伴随着剧烈的社会变革。

例如，以蒸汽机发明应用为标志的第一次工业革命，使西方国家由农业经济转向工业经济，资本主义社会体系基本形成。以电力、电动机和内燃机的发明应用为标志的第二次工业革命，将人类社会带入"电气时代""钢铁时代"，重工业成为资本主义经济发展的前沿阵地，并推动资本主义向垄断发展。以原子能、电子计算机、空间技术和生物工程的发明和应用为主要标志的第三次工业革命，是涉及信息技术、新能源技术、新材料技术、生物技术、空间技术和海洋技术等诸多领域的一场信息控制技术革命，极大地推动了人类社会经济、政治、文化领域的变革，加剧了资本主义各国发展的不平衡，促进了世界范围内社会生产关系的变化。当前，以互联网、人工智能、清洁能源、无人控制技术、量子信息技术、生物技术为主的第四次工业革命正悄然到来，世界各国都在争抢科技制高点，争取经济发展先机。

"十二五"以来，我国 GDP 高速增长，科技进步贡献率一直保持在 50% 以上并逐年增长，2017 年达到 57.5%，意味着当前在我国经济增量中，约六成是由科技进步产生的。例如：我国移动通信技术实现"4G 同步、5G 引领"，TD-LTE 完整产业链基本形成，4G 用户数达到 7.7 亿，建成全球规模最大的 4G 网络；我国主导推动的 Polar 码被采纳为 5G 增强移动宽带控制信道国际标准，5G 引领势头逐渐形成。随着半导体照明等科技成果的突破和应用示范工程的建设，我国半导体照明产业规模超过 4200 亿元，成为全球最大的半导体照明产品研发、生产基地和应用市场。

2. 世界经济中心的转移与科技中心的转移密切相关

翻开世界科技成果发现、发明、创造和应用的历史史册，我们可以看到，在人类历史的发展进程中，世界的科技中心发生过多次转移，从古代的中国到意大利、英国、法国、德国，直到今天的美国。每次科技中心的转移都引起世界经济中心的转移，每一次转移都有深刻的历史背景，反映了科技和政治、经济、文化的密切关系，反映了科技是生产力的论断。

在19世纪后期的1875—1895年，世界科技中心转移到德国，世界的经济中心随之也转移到了德国。在1830年英国产业革命达到高潮时，德国仍然是个落后的农业国。由于德国人重视理性、重视应用，德国政府重视知识，整顿教育制度，创办专科学院和大学，科教结合，聘请著名科学家和教育家主持柏林大学，开创教学、科研相统一的高教体系。1839年后，涌现了一大批著名的科学家，也同时出现一批善于应用科技成果于生产的企业家，德国只用了40年就完成了英国100年才完成的工业化过程，德国的经济发展势头保持了相当长的一段时期。德国工业化的进程，充分证明了科学技术是第一生产力的论断。也可以看到，改革开放后的中国的政治经济条件，有可能使中国成为21世纪世界科技发展的新中心之一。

3. 科技创新为实现经济可持续发展提供了物质基础保障

很多自然资源的使用价值尽管早已经被人类所认同，但是由于技术的限制却得不到大量的开发和使用。伴随着科技创新的不断发展，人类对资源的勘探水平不断提高，可预测的资源后备储量也在不断增加。通过技术创新产生的新工艺、新方法，也可以大大提高资源的使用效率。科技的进步更拓展了新的资源类型，新物质、新能源的开发降低了人类对不可再生资源的依赖度。

科技创新可以增加可用资源的种类，降低资源的使用成本。

金属铝所具有的优良特性虽然在很早以前就被人类所认识，但是就是由于当时冶炼技术的限制而不能被大量开发和利用，直到电解法的发明才使得金属铝的大规模使用得以实现，而且使用成本也大幅降低。科技创新可以增加可预测的资源储量。以石油资源的预测量来说，20世纪40年代预测的石油资源量为500亿吨。1983年在伦敦召开的第十一届世界石油大会上估算的石油资源量为2460亿吨，2000年在加拿大卡尔加里召开的第十六届世界石油大会上估算的石油资源量为4138亿吨。科技创新和技术进步不断增加资源的可知储量，缓解资源耗费带来的短缺问题。科技创新能够提高资源的使用效率。从资源的生产工艺方面来看，新技术的应用既能够降低能源的消耗，又提高了产品的质量。从资源的回收利用方面来看，技术的提高可以提高资源的使用效率，延长不可再生资源的使用时限。从节约资源的角度来看，利用科技创新可以提高资源的利用效率，减少资源的浪费，提高资源的产出效益，缓解资源短缺带来的经济增长约束。科技创新可以开发前所未有的新资源，减少我们对自然资源的依赖度。太阳能、地热能、风能、海洋能、生物质能和核聚变能等新能源的开发，使我们的能源结构进一步丰富，缓解了煤炭石油的需求压力。新物质、新材料的出现，使我们能不再以牺牲自然环境为代价，不但减少了自然资源的开采利用，也改善了原有物质、材料的性能。

4. 科技创新与金融业互为促进、协同发展

近年来，在推动现代经济产业发展方面，一些地方和金融机

构针对科技金融做了不少有益探索，但在实际操作中也遇到不少难题：科技成果闲置与企业技术相对短缺的矛盾、产业结构趋同与高新技术非产业化的矛盾、信贷资产质量低下与新兴产业资金短缺的矛盾、科技投入高风险与收益周期长的矛盾，使得金融业担心新兴产业科技贷款投入时间长、贷款风险大，对科技开发信贷的信心和支持动力不足。

做好科技金融融合发展这篇文章，要进一步深化金融改革和科技体制改革，在加强引导、完善机制、培育主体、创新工具上有所突破，引导金融资源向科技领域配置，引导科技进步带动金融创新。充分发挥政策性资金的导向作用，通过设立创业投资、科技贷款、科技保险、科技担保等政策性专项引导基金，提供风险补偿和费用补贴，引导更多的民间资本进入创投领域，引导商业银行和其他金融机构向新兴产业企业融资。完善相应的科技保险机制、融资担保机制、违约贷款补偿机制、科技金融人才激励机制。实行"银行+担保+额外风险补偿"的运作模式，允许专利等知识产权作为抵押物，加快推进科技金融的创新型金融工具研发，大力发展互联网金融应用模式，支持现代经济产业发展。

科技支撑现代化经济体系建设的基本认识

　　"四梁八柱"来源于一种中国古代传统的建筑结构，靠四根梁和八根柱子支撑着整个建筑，四梁、八柱代表了建筑的主要结构。"四梁八柱"论，是以习近平同志为核心的党中央提出的一种改革思维、改革方法论。中国经济不是一根独木，"实体经济、科技创新、现代金融、人力资源"是现代化经济 "四梁八柱"支撑的重要元素，而科技创新在支撑现代化经济体系中将起到支撑引领作用。

　　1.培育高水平的战略科技能力

　　从事物发展特别是经济发展的规律来看，往往都要经历一个从量变到质变的过程，那些实现从量变到质变、从高速增长成功转向高质量发展的国家，才能实现现代化，进入高收入经济体。随着中国工业化进程的推进和农村劳动力向城市的快速转移，在过去十几年中，中国全员劳动生产率和单位能耗的经济产出稳步提升，但与高度工业化的发达国家相比仍有巨大差距。2015 年，中国全员劳动生产率为 1.4 万美元 / 人，仅相当于美国的 1/8、英国和法国的 1/6、日本和德国的 1/5、韩国的 1/4。同年，中国单位能耗经济产出为 345 万美元 / 千吨标准油。瑞士是 OECD 国家中单位能耗经济产出最高的国家，2014 年达到 2791 万美元 / 千吨标准油，是中国的 8.1 倍。意大利和英国均是中国的 4 倍以上，法国、德国均超过中国的 3 倍。

我国已逐步成为具有重要影响力的科技创新大国，且创新活动处于快速发展阶段，后续发展潜力巨大，要不断培育高水平的战略科技能力。一是发挥国家重大科技项目的突破和带动作用。实施一批关系国家全局和长远发展的重大科技项目，汇聚科技创新势能，进一步提高创新投入绩效，形成梯次接续的系统布局，发挥市场经济条件下新型举国体制优势，集中力量、协同攻关，为攀登战略制高点、提高我国综合竞争力、保障国家安全提供支撑。二是激发大众创业、万众创新的潜力和活力。鼓励研究机构、高等院校、大企业与中小微企业及个人密切合作，充分利用"互联网+"，在全社会形成浓厚创新氛围、强大创新合力。完善市场评价要素按贡献分配的机制，形成社会协同创新机制。三是在发挥已有优势和后发优势的同时，要不断构筑先发优势。从历史经验和当前国际竞争实际看，只有发挥先发优势的领先型经济，才能在世界经济结构大调整中占据制高点，才能实现中高端水平的发展。在新一轮科技革命和产业变革孕育兴起的当下，要着力在科技创新重点领域争取先发优势，以越来越多的领先科技成果领跑全球。同时，充分发挥市场配置科技资源的决定性作用，形成推动科技创新的不竭动力和无尽活力，使我国整体科技水平尽快跃居世界前列，更好地推动经济转型升级，引领现代化经济发展。

2. 提供高质量的创新供给体系

与美国、德国等创新型国家相比，我国在相关指标方面存在明显差距。例如，多项综合创新能力排名世界第 20 位左右，科技进步贡献率为 55% 左右，对外技术依存度高于 40%，高技术产品出口方面自主品牌出口在 10% 左右。总体上看，我国自主创新特别是原始创新能力不强，关键领域核心技术受制于人的局面没有根本改变，科技供给不能有效满足经济社会发展和国家安全需求，特别是技术供给与需求的结构性矛盾突出，技术有效供给不足，供给质量不高，已成为我国传统产业转型升级、新兴产业培育发展的短板和软肋。

要提供高质量的科技供给体系，一是加强顶层设计、统筹协调和综合集成，发挥人才队伍优势，实现科学技术供给的高质量、高效率。二是提升基础研究与前沿技术研究的原始创新能力，夯实科学基础，增加科技创新的源头供给。加强开发应用研究和产业化应用，瞄准重要领域的科技创新短板，解决经济社会发展的科技瓶颈，打破关键领域核心技术受制于人的局面。三是集成产学研金的力量，大力推进和落实科技成果转移转化，切实做到将国内优势的科研力量与强大的生产产能有机结合起来，把科技创新与大众创业、万众创新结合起来，彰显科学技术对经济社会发展供给的乘法效应。

3. 建立高效率的成果转化体制

长期以来，科技成果转化难是制约科技与经济有效融合的瓶颈。主要表现在成果有效供给不足，成果信息不对称，科技成果与市场需求脱节，后续研发的技术跟进不够和资金注入不足，成果市场化、产业化和运营商业模式不健全，科技人员难从成果转化中获益等。

要解决科技与经济紧密结合的问题，必须从体制机制上彻底打破科技成果转化的障碍。一是加强持续稳定的科技成果供给。在科技创新的战略布局上，要将科技成果的产生与转化并重，科技创新政策与产业政策对接，提高研发活动的针对性，确保科技成果供给从顶层和源头上更加符合经济社会发展的现实需要和国家安全的战略需求。二是构建市场化的科技服务和技术交易体系。完善市场化定价机制，明确科技成果处置、定价的原则，为市场化交易提供明确的规则，建立专业高效的市场交易平台与服务机构，打造线上与线下相结合的国家、区域和行业性技术交易网络平台，提供信息发布、融资并购、公开挂牌、竞价拍卖、咨询辅导等专业化服务。三是拓展多元化科技成果转化投入渠道。发挥国家科技成果转化引导基金和技术创新引导专项（基金）等财政性引导投入的杠杆作用。大力培育发展天使投资人和创投机构，支持科技初创期企业和科技成果转化项目，通过发行债券、资产证券化等融资方式筹集成果转化资金，支持银行开展投贷联动试点，为科技成果转化提供高效、组合式的金融服务。

4.造就持续创新的人才队伍

创新驱动实质上是人才驱动。当前，是我国进入创新型国家行列的冲刺阶段，是我国全面建成小康社会的决胜阶段。但在创新型科技人才方面还存在结构性矛盾突出、世界级科技大师缺乏、领军人才和尖子人才不足、工程技术人才培养同经济发展和创新实践脱节等问题。

要将造就持续创新的人才队伍作为实施科技创新支撑现代化经济体系建设的优先任务抓紧抓好。一是理顺科技人才队伍建设和经济社会发展的关系，改革和完善人才发展机制，形成创新型科技人才优先发展的战略布局，突出"高精尖缺"导向，加快科技人才队伍结构的战略性调整和优化。二是清除人才管理中的体制机制障碍，充分给予科技人才科研自主权，尊重科技发展和科技人才成长规律，对从事不同创新活动的科技人才实行分类评价和有效激励，充分激发科技人才特别是中青年科技人才的创新活力。三是按照市场规律形成有利于创新型科技人才成长和发挥作用的科研生态环境，依托大众创业、万众创新，积极推动创新成果有效转化，优化科技人力资本配置，探索新型科技人才与智力流动服务模式，为现代化经济体系建设提供强大的科技人才队伍保证。

5.营造良好的政策环境

良好的创新环境可以激发创新主体的创新热情，发挥创新主体的创新潜能，是推动现代化经济发展的关键因素。近年来，我国科技创新的政策环境呈现较好的发展态势，但还存在着诸多问题，如科技管理体制与现代化市场经济不相容、科技创新主体错位、知识和技术协同创新不够、知识产权保护不力等。

优化创新环境，有效服务现代化经济发展，需要着力做好以下几个方面的工作。一是强化创新的法治保障，发挥市场竞争激励创新的根本性作用，加强知识产权创造、运用、管理、保护和服务，营造公平、开放、透明的市场环境，强化产业政策对创新的引导，促进优胜劣汰，增强市场主体创新动力。二是持续优化创新政策供给，构建普惠性创新政策体系，增强政策储备，加大研发费用加计扣除、高新技术企业税收优惠、固定资产加速折旧等重点政策落实力度。三是加强规划布局与资源配置衔接。改革国家科技创新战略规划和资源配置体制机制，围绕产业链部署创新链、围绕创新链完善资金链，聚焦国家战略目标，集中资源、形成合力，突破关系国计民生和经济命脉的重大关键科技问题。把规划作为科技任务部署的重要依据，形成规划引导资源配置的机制。

材料发展的典型特征

材料是国民经济和社会发展的物质基础，是保障产业和国防安全的重要支撑。特别是 2018 年 3 月以来的中美贸易摩擦，其本质在于科技实力的博弈，受制于人的根本原因就是关键核心技术的缺失，"卡脖子"问题虽然涉及面比较广，但深入分析看，往往聚焦在基础制造装备、基础材料、基础软件和工艺等方面，而材料发展又存在一定的自身特征。

1. 基盘性

材料是国民经济和国防建设的基础。在历史上，材料曾被作为社会文明进化的标志，如将历史时期分为石器时代、陶器时代、青铜器时代、铁器时代，直至现代的高分子时代等。材料科技的发展也是国防建设发展的基础，材料的不断更新推动了以武器装备为代表的国防科技不断进步，从而使国防建设更加完善，更加科学。20 世纪 50 年代以来，传统陶瓷技术向新型功能陶瓷技术转变，满足了电力电子技术和航天技术等的发展和需要。

材料是其他战略高技术发展的保障。材料既是一个独立的领域，又与几乎所有其他战略高新领域密切相关。从世界科技发展史看，没有先进的材料，就没有先进的科学技术和现代化的工业。第一次产业革命的突破口是推广应用蒸汽机，但直到铁和铜等新材料开发以后，蒸汽机才得以实现应用并逐步推广。第二次产业革命以发电机、内燃机的广泛使用为突破口，大力发展飞机、汽车和其他工业，支持这次产业革命的仍然是以合金、铝合金为代表的新材料。

材料是一国产业安全的基础技术。当今世界，科技与产业酝酿着新的突破与变革，各国都将先进材料视为产业竞争力的基础和关键。建设材料强国，打造"大国筋骨"，是一个决定国家前途命运的重大问题。核心高端材料的潜在禁运风险威胁着重大工程应用和高端装备核心材料的保障能力，关键材料的核心技术决定着抢占产业发展先机和战略制高点的成败。

2. 长期性

新材料产业布局和研发周期长。不同于传统产业，新材料研发可借鉴的资料比较少，所以研发周期自然比较长，一般新材料的布局和研发至少要 3~5 年。同时，传统的经验式、试错式、离散式的材料研发方式也导致材料研发周期过长。以第三代半导体材料 SiC 为例，其具有宽禁带宽度、高击穿电场、高热导率、高电子饱和速率及更强的抗辐射能力，适用于制作高温、高频、抗辐射及大功率器件。然而，生长 SiC 晶体的难度很大，虽然经过了数十年的研究发展，目前也只有美国、德国、日本的少数几家公司掌握了 SiC 的生长技术，能够生产出较好的产品。

新材料验证和应用周期长。新材料从基础科研到工程化一般需经过技术开发、演示验证、小批量制造 3 个阶段，该过程重在提高技术成熟度，满足装备性能要求。所有的新材料几乎都不是最终产品，所以要进行有效的验证，必须做到最终产品进行检测。最终产品对于新材料的使用属于重大变更，不仅周期长、投入大，还必须谨慎且全面地检验，所以验证周期和应用周期很长。美国国防先期研究计划局（DARPA）称，新材料通常需要 10 年以上的时间才能用到实战装备上。

新材料标准制定周期长。新材料标准建设相对滞后，总体水平偏低，系统性不强，在不同程度上制约着新材料的发展。同时，原有的材料标准也对新材料的推广使用形成障碍。以石墨烯防腐涂料为例，传统的防腐涂料会对锌的含量有所要求，有利于保障产品质量，但石墨烯防腐涂料作为一种新型产品，能在降低锌含量的同时提高防腐效率。如果还是以传统的要求，即达到特定锌含量作为标准，新型产品就会"不合格"，使其无法推广。

3. 颠覆性

新材料催生颠覆性技术的出现。颠覆性技术在科技发展与产业变革中的意义十分重大。从历史上看，颠覆性技术是工业界发生革命性变革的第一动力，其中又多以颠覆性材料的出现和成熟性使用为标志。白光发光二极管（WLED）的出现，开辟了照明新纪元；液晶屏替代阴极摄像管，带来了显示革命；现在，有机发光二极管（OLED）、印刷显示、激光显示又将崛起。从发展趋势看，美国、俄罗斯、法国等国家都已将颠覆性材料技术作为占领科技制高点的先手棋，正下大力气开展攻关。

新材料催生战略性新兴产业。革命性新材料的发明、应用一直引领技术革新，推动着制造业的转型升级，催生了诸多新兴产业。例如：氮化镓等化合物半导体材料的发展，催生了半导体照明产业；太阳能电池材料的进步，促进转换效率不断提高，极大地推动了新能源产业的发展；镁合金与钛合金等高性能结构材料的加工技术取得突破，不断降低成本，研究与应用重点由航空、航天及军工扩展到民用高附加值领域；基于分子和基因等临床诊断材料和器械的发展，使肝癌等重大疾病得以更早、更准确地被发现。

新材料成为资本市场颠覆性热点。从资本市场近期热点来看，新型基础材料、高温合金、石墨烯和高性能纤维、功能高分子材料及复合材料等化工新材料发展空间广阔。目前，相当一部分金融机构都成立了新材料和环保的专项投资基金，越来越多的投资机构将目光聚焦到该领域上来。被资本市场看好的石墨烯、3D打印、超导等前沿材料技术的快速发展，有望在未来继续催生出千亿级别的新市场。

4. 丰富性

材料品种丰富。材料是各行各业产品的基础，品种繁多、需求广泛，具有量大面广的特点，材料领域的科技创新具备丰富复杂的典型特征。材料可以根据用途分为电子材料、航空航天材料、核材料等，也可以根据物理化学特性分为无机非金属材料、金属材料、有机物材料、复合材料、纳米材料等，还可以根据行业领域分为钢铁、有色、石化、轻工、纺织、建材等材料。每类材料的产品线丰富、种类繁多，就化工材料而言，化学品在全世界有 500 万 ~ 700 万种之多，在市场上出售流通的已超过 10 万种。

材料表征和检测技术多样。材料表征和检测技术覆盖的范围，既包括建筑材料、有色金属、钢铁材料、工业材料、石油化工材料等传统材料，也包括电子信息材料、新能源材料、复合材料、生物材料、航空航天材料等新型功能材料和先进结构材料，还包括上下游与材料密切相关的行业，如矿产品测试、建工测试等。不同材料领域之间的基本理论、关键技术和检测评级等研究内容存在较大差异。

材料应用领域广泛。新材料作为高新技术的基础和先导，应用范围极其广泛。新材料与信息、能源、医疗卫生、交通、建筑等产业结合紧密，不仅包括市场上热门的纳米材料、磁性材料等产品，还包括与能源结合紧密的新型能源材料，与信息行业紧密结合的光通信材料，更有聚氨酯、氯化聚乙烯、有机氟材料等传统高分子材料。

材料科研的基本特点

纵览 863 计划、973 计划、攻关计划、科技支撑计划等的实践，材料领域的科学研究和技术创新既体现了战略高技术发展的共性特征，又具有相对个性化的特点。

1. 长期积累

材料科研的每一个重大进展都需要付出巨大的努力，都需要长期的工作积累。目前，材料的研究方法是基于试错原理的往复试验迭代法，在错误的尝试和多次往复试验中不断向正确目标迈进。材料的研究过程需要利用个人的知识、经验、理解能力进行设计、实施、分析并解释试验数据，需要长期的工作积累。

原材料研制技术的科研积累。稀土是高科技、先进工业不可或缺的原料，不同稀土元素很容易相互取代，很容易分散在矿物中，高纯度稀土原料提纯技术难度极大。20 世纪 60 年代，由于国内稀土生产工艺和技术十分落后，我国只能低价向外国出口稀土矿，然后再高价进口稀土制品。经过数十年的科研积累和技术攻关，终于突破了高纯度稀土原料提纯技术，有效提升了我国稀土应用技术的发展速度。

关键材料及其核心技术的科研积累。光刻胶是微电子技术中微细图形加工的关键材料之一，是半导体工业最核心的工艺材料。目前，我国 LCD 用光刻胶几乎全部依赖进口，核心技术至今被 TOK、JSR、住友化学、信越化学等日本企业所垄断。光刻胶主要成分有高分子树脂、色浆、单体、感光引发剂、溶剂及添加剂，开发所涉及的技术难题众多，需从低聚物结构设计和筛选、合成工艺的确定和优化、活性单体的筛选和控制、色浆细度控制和稳定、产品配方设计和优化、产品生产工艺优化和稳定、最终使用条件匹配和宽容度调整等方面进行调整。

初级产品到市场认可成熟产品的科研积累。新材料从初级产品到市场认可成熟产品的研究过程是一个长期积累过程。以碳纤维为例，日本东丽公司经技术突破、产品迭代、经验积累、工艺改进，历时 20 余年，最终研制出 T300 碳纤维。由于日本东丽公司在碳纤维领域的坚持和不断地科研，最终实现了技术革新，保障碳纤维产业安全，有效促进了后续碳纤维产品的开发。目前，其碳纤维产品已在飞机、汽车、新型家电等多个领域广泛使用，产量和销量相当可观。

2. 瞬间灵感

科技创新的许多重大突破，往往是研究者的灵机一动。材料领域兼具基础研究、应用研究、工程科技的多重属性，在研究方向、研究方式上充分体现了交叉融合的特点，瞬间灵感性表现得更加突出。一方面，材料领域的科研往往与重大应用相结合，研究者必须具备材料和应用方向的专业知识，在研究过程中也就不仅局限在材料学科本身的规律上，在关键创新点上更加需要多角度考虑问题，用其他领域的特定规律启发材料的研发；另一方面，材料领域涉及面宽，有机材料、无机材料，金属材料、非金属材料，结构材料、功能材料，其科研方法、思维逻辑存在较大差异，但也为研究过程提供了相互借鉴、相互启发的机会，创造了更多迸发瞬间灵感的宽松环境与机遇。

科研的瞬间灵感推动材料领域重要基本理论的建立。19世纪60年代，63种元素已经被发现，门捷列夫为了探索63种元素之间的内在联系，制作63张扑克牌似的卡片，并在每张卡片上写上一种元素的化学符号、性质和原子量，受"纸牌"的启发，最终发现了元素周期律。同样，瞬间灵感也推动了苯环结构的确定。19世纪20年代，苯即被发现，尽管实验已揭示苯环是由6个碳原子和6个氢原子构成的非常对称的分子，但此后数十年间，其结构一直难以确定。19世纪60年代的某一天，德国化学家凯库勒坐在壁炉前打了个瞌睡，原子和分子们开始在幻觉中跳舞，一条碳原子链像蛇一样咬住自己的尾巴，在他眼前旋转，受此启发，凯库勒提出苯环的结构式。

科研的瞬间灵感促进新材料工艺的研制。弗朗西斯看到用传统砂纸抛光玻璃时尘土飞扬，受此现象启发，经后续深入研究，研制出有效降低打磨灰尘的水砂纸。内迪克蒂斯偶然发现装过硝化纤维溶液的烧瓶的瓶壁上有一层胶膜，即使从3米高的仪器架上碰落，也只是布满裂纹，并没有摔碎，由此他深受启发，联想到让胶膜和玻璃"紧密结合"，研制出一种新型的"夹层玻璃"。

科研的瞬间灵感驱动材料应用上的创新。冶炼工业生产过程中产生的大量含有废气、废酸、废碱、重金属等污染物的排放，是冶金领域亟待解决的技术难题。膜技术作为一种新型分离技术，在水净化处理领域得到了广泛的应用。受此启发，针对湿法冶金氯化电积精炼过程中的氯气污染问题，金川集团提出将膜分离技术与传统电化学冶金技术相结合的清洁生产方案，研究了冶金专用的 PVDF 高选择透过膜的制备与改性工艺。金川公司的膜电积工艺可实现高效氯气抑制和盐酸的高回收利用率，替代了传统的氯气碱吸收处理系统，有效降低了冶炼过程中的酸碱排放。金川集团创新性地将膜技术用于冶炼行业，这种科研灵感源于膜在水净化处理领域的应用启发，科研的瞬间灵感驱动了材料应用上的创新。

3. 工程验证

全面的工程验证是材料及其产品的质量安全保障，验证按工程实施进程可分为前验证、同步验证、追溯验证和再验证。前验证是审查和评估一种材料在正式投入实施或使用前是否按照事先设定；同步验证是分析和审阅生产中积累的数据；追溯验证是证明实际生产工艺是否具有适应性；再验证是材料经过一个阶段的使用以后进行的验证，旨在证实已验证的状态没有发生漂移。工程验证过程烦琐复杂，增加了新材料的科研难度，延长了新材料的研发周期。新材料从研发到真正实现应用，需要经过全面的工程验证。

材料的设计验证是顺利研制目标产品的前提。以火箭发动机为例，用于火箭发动机的钢材需具备多种特性，其中高强度是必须满足的重要指标。然而，不锈钢的强度和防锈性能却是难以兼得的矛盾体。火箭发动机材料如果严重生锈，将带来很大影响。通过材料设计实现高强度和防锈性能兼备，这是一个世界性的难题。因此，需要科研人员反复验证发动机的钢材设计方案，通过优化钢材中成分、各种成分的比例等，最终确定最佳设计方案，为顺利研制目标火箭发动机产品提供保障。

材料的生产工艺验证是研制高质量产品的关键。以 CPU 研制工艺为例，研制的工艺路线决定了 CPU 产品质量的上限，为保证产品质量的均一性和有效性，对生产工艺过程进行验证是十分重要的。在 CPU 产品开发阶段要筛选合理的工艺，然后进行工艺验证，通过稳定性试验获得必要的技术数据，以确认工艺路线的可靠性和重现性。在研制 CPU 产品的过程中，要加工各种电路和电子元件，制造导线连接各个元器件等，需要进行多次的小试和中试以验证材料生产工艺的可靠性。CPU 生产工艺越先进，CPU 产品生产的精度越高。

材料应用验证是实现产品质量安全的保障。作为飞机应用前的验证，适航认证是重中之重，一款航空发动机要想获取一张放飞证，必须经过一套非常严格的"适航"标准体系验证。由于国产航空发动机型号匮乏，缺乏实际工程实践经验，特别是材料从研发到试验、生产等全过程的基础数据不完备、不规范，使我国适航规章缺少相应的技术标准支撑，适航认证周期漫长而艰难。中国自主研制的大型喷气式民用飞机只有取得了中国民航局的适航证，才能投入国内的商业运营，只有取得了欧洲航空安全局和美国联邦航空管理局的适航认证，才能进入国际市场运营，整个工程验证过程持续时间长，材料制备过程的全过程跟踪标准高、要求严，而且必须符合相关的认证流程和条件。

4.功效特异

材料种类繁多，其性能和用途差别很大，即便是同种材料也因其微观结构、生产工艺、应用方式等的差异而表现出功能和效用的不同，特别是在不同的使用条件下，材料的特异性往往更加明显。

同种材料的性能特异。马氏体钢、铁素体钢和奥氏体钢 3 种不锈钢材料具有不同特点，适于研制不同的材料。马氏体钢因含碳较高，适合较高强度、硬度和耐磨性，但耐蚀性、塑性和可焊性要求一般的需求；铁素体钢含铬量高，适合研制耐腐蚀性能与抗氧化性能均比较好，机械性能与工艺性能要求一般的需求；奥氏体钢含有大量的镍和铬，具有良好的塑性、韧性、焊接性、耐蚀性能和弱磁性，在氧化性和还原性介质中耐蚀性均较好。

制备所需原料的特异性。陶瓷材料应用广泛，不同的陶瓷产品因产品应用的差别，在材料生产过程中存在各自的特征。日用高档陶瓷要兼顾美观、安全和实用的技术特点。要选用无铅、环保、细腻和坚硬的釉料作为陶瓷原材料。建筑外墙陶瓷产品主要关注经济和实用的技术特点，可选用以工业废渣为主要原料，变废为宝、环境友好型的陶瓷透水砖产品。用于人体牙齿和人体骨骼的医用陶瓷应选用低辐射、高透明度、耐磨性和抗折强度的氧化锆粉体等陶瓷原材料。

同一产品组件材料的功能特异。构成直升机的各个材料存在明显差异。直升机的驾驶舱风挡选用轻质透明的防弹装甲材料，从而实现风挡透明件防弹，提升作战防护效能；机身的蒙皮选用轻质、高强的碳纤维复合材料，以提升减重效益；而机底的蒙皮则选用轻质、高强、耐磨的铝合金型材，以同时兼顾减重效益和机底的耐磨需要；由于起落架经常接触地面，同时需要支撑机身的重量，需选用强度更高、耐腐蚀更强的高强不锈钢材料。

材料科技行政的主要特点

政府科技行政部门推动科技创新的工作方法有很多，虽然材料领域有一定的特殊性，但基本的思路和措施大致相同。从材料科技行政工作的实践看，总体上围绕战略、规划、政策、服务 4 个维度推动工作。

1.战略

行政工作的重要原则就是自上而下的部署和推动，通过战略层面的宏观布局和顶层设计，实现思想认识上的统一、资源配置上的协调、任务落实上的传导。一直以来，材料领域既积极争取纳入更高层次的发展战略，又坚持以国家战略为导向，深入贯彻实施总体部署。

科技战略。材料领域始终是我国科技发展的重要组成部分，始终是国家科技创新战略的重要内容。改革开放以来，中央部署实施的多项重要科技战略中，材料科技占据了重要位置。1986年，中央确定把高技术研究作为科技发展的重要方向，部署实施了高技术研究发展计划（863 计划），新材料被列为重点发展领域之一。2006 年 2 月，中央明确增强自主创新能力、实施中长期规划纲要的战略部署，新材料被列为前沿技术方向。党的十八大提出创新驱动发展战略，2016 年 5 月，中共中央、国务院发布《国家创新驱动发展战略纲要》，提出加大材料等领域重大基础研究和战略高技术攻关力度。

人才战略。2010 年，中央明确到 2020 年我国人才发展的重要战略，提出十年发展目标和重要举措。将服务发展、人才优先、以用为本、创新机制、高端引领、整体开发作为我国人才发展指导方针，把新材料人才作为经济社会发展的重要资源摆在突出位置。新材料作为现代高新技术发展的基础和先导，其技术和产业的发展对新材料人才提出了更高要求。2011 年，科技部联合人力资源和社会保障部等七部门对国家中长期新材料人才发展的具体战略进行系统规划和部署，分析研判新材料领域发展现状与人才需求，制定指导思想和基本原则，确定新材料人才资源总量翻番和"五个三"工程的目标，提出发展重点与主要任务、政策和组织实施措施。

2. 规划

针对一定时期的重点工作进行系统研判和统筹设计，是行政工作的重要方式，中央政府及其部门和地方政府通过编制综合性或专项规划，明确重点任务的实施路径。从材料领域的实践看，主要是全国性规划、地方性规划、专项规划。

全国性规划。一般以五年及以上的规划为主，常见的是五年的国民经济和社会发展规划，相应的也有国家层面的科技发展或科技创新五年规划。以最新的规划为例，2016 年中央发布的国民经济和社会发展第十三个五年规划，从全局角度出发，提出加快突破新一代信息通信、新能源、新材料、航空航天、生物医药、智能制造等领域核心技术；2016 年 7 月，国务院发布《"十三五"国家科技创新规划》，其中有 90 余处提到"材料"，涉及的章节包括：把握科技创新发展新态势、实施事关国家全局和长远的重大科技项目、构建具有国际竞争力的现代产业技术体系等。

地方性规划。"十三五"期间，以全国性规划为纲领，省级政府因地制宜制定相应的地方性规划。例如：内蒙古自治区"十三五"科技创新规划围绕稀土新材料技术、钢铁产业技术等材料关键技术进行布局；重庆市科技创新"十三五"规划以高性能结构材料、新型功能材料、先进复合材料为发展重点，以电子信息、新能源、化工环保、高端装备等领域对新材料的需求为导向，实施一批主题专项；"十三五"广东省科技创新规划围绕通信集成芯片、移动互联关键技术与器件、云计算与大数据管理技术、智能机器人、新能源汽车电池及动力系统、增材制造（3D 打印）技术、新型印刷显示技术与材料、第三代半导体材料与器件等进行技术攻关。

专项规划。"十五"期间，科技部推出"西部新材料行动"，针对西部地区矿产资源丰富的优势，组织攻关了一批关键核心技术，做大做强一批有鲜明西部特色的材料产业，对带动地方经济发展和加快传统行业转型升级起到积极作用。"十二五"期间，针对材料领域的重点方向，分别编制印发了半导体照明、高品质特殊钢、新型显示、高性能膜材料等专项规划，依据各自的科研规律确定了发展路径和重点任务。"十三五"期间，围绕材料领域的新形势、新任务，编制发布了《"十三五"材料领域科技创新专项规划》，聚焦材料领域，从提升创新能力、引领和支撑战略性新兴产业发展的角度，提出具体的目标、任务和政策措施。

3. 政策

科技计划。通过计划政策统筹安排了相关项目，充分发挥中央财政资金的引导作用。"十二五"期间，利用863计划在新型功能与智能材料、先进结构与复合材料、纳米材料与器件等5个主题方向进行了项目部署。"十三五"期间，在国家重点研发计划中启动实施了"重点基础材料技术提升与产业化""战略性电子材料""材料基因工程关键技术与支撑平台"等3个专项。

科研基地。材料领域有64家依托科研机构、科技型企业或高校建立的国家工程技术研究中心，41家国家重点实验室。通过汇聚工程技术研究中心、重点实验室的创新禀赋，聚集了科研创新要素，促进了材料科技创新。后期持续探索材料领域国家重点实验室建设方案，将引领材料未来的发展，形成先发优势。

产业载体。材料领域相关的高新技术产业基地有122家，国家高新区2家，通过发挥国家高新区的辐射带动作用和产业化基地的集聚效应，促进了人才、技术、资本等各类创新要素的高效配置，聚集了产业资源、技术资源和金融资源，加快了材料产业提质增效进程。通过支持第三代半导体、先进稀土材料等产业技术创新战略联盟建设，服务中小企业，从而推动企业、产业、国家的经济发展。

4. 服务

科技人才。材料领域的人才始终具有其自身的特点，在科技行政工作中占据重要位置。特别是"十二五"以来，我国材料领域的人才储备逐年增大，高端人才后备梯队逐年增加，材料领域有研发科技人才 115 万人，各大高校每年毕业的材料类本科毕业生 4 万余人、硕士和博士毕业生 1 万余人。同时，通过对国家杰出青年基金资助项目的数据进行收集和统计，材料领域的资助人数逐年增加，2004 年时仅资助了 11 人，到 2016 年已经增加到 29 人。材料领域现有中科院、工程院院士 220 人。

专业智库。依靠专业水准高的智力资源，是做好材料科技行政工作的重要保障，大体上主要是专家体系和智库体系。在专家体系方面，最为典型的代表就是 863 计划的专家模式，包括领域专家委员会、主题专家组、总体专家、责任专家等多种形式，承担了材料领域的技术发展战略与预测研究，参与项目管理，提供重要的决策建议。

行政机构。材料领域范围广，各个地方或多或少都会有所涉及，地方科技部门在推动材料领域科技创新工作中的地位和作用非常重要，以资源为主的地方更加注重产业链和创新链的延伸，通过科技提升原材料的附加值和产品深加工能力；科教优势明显的地方更加关注新材料的发展，力求挖掘和培育新的产业生长点。这其中，通过科技支撑计划的实施，在很大程度上促进了中央与地方在材料科技发展上的工作统筹与资源协同，实现了整合全国科研力量实现区域示范的效果。

行业协会。随着 20 世纪末行业管理行政部门的职能调整，钢铁、有色、石化、轻工、建材、纺织的行业科技管理出现了新的变化，从行政指令性计划调控转为以行业性指导和市场主体为主，涉及的相关材料科技发展的工作手段也有所变化。20 年来，主要行业协会在推动材料发展过程中不断探索新的模式，科技行政部门也在适应和调整工作机制，在组织跨地区支撑计划项目、开展技术预测和规划评估、推动骨干企业和中小企业发展等方面积累了一定的经验，特别是在缺乏行政体制支撑的前提下，行业协会更加充分发挥市场的主体作用，推动建立行业关键共性技术攻关机制。

材料创新的"望闻问切"

中医理论中经典的诊断方法是望闻问切，指观气色、听声息、问症状、摸脉象，是判断病情、辨明病因、开出药方的基础。材料科技行政工作的主要职责是掌握实情和问题，找准趋势和原因，提出对策和建议，为科学决策提供有力支撑。由此，从以下 4 个方面提出了具体工作考虑。

1. 望

时刻关注国内外材料领域科技创新的发展情况，掌握最新动态，了解相关领域、相关行业、相关部门具体工作的进展趋势，结合形势背景，做好形势分析判断。

加强新形势新背景下新一轮科技革命和产业变革、材料科技强国建设等重大问题研究，及时分析新需求、新情况、新问题，深入研究材料科技创新的难点、热点和重点问题。

紧跟材料领域技术前沿，紧跟全球材料科技前沿，加强技术预测与战略研究，形成对材料领域技术发展方向分析判断的能力，为抢占未来先机做好前瞻性技术部署。

2.闻

加强战略智库建设。既要充分听取专家意见，发挥高层次战略专家、科研骨干力量的作用，又要加强材料领域智库建设，充分发挥建制化的战略研究机构的作用。

听取科研一线声音。深入高校、院所、企业等科研一线，广泛了解材料各门类、各学科、各行业中基础研究、应用研究中的颠覆性方向、重要成果、主要困难、突出问题。

深入了解市场需求。要掌握市场动态，了解材料领域下游用户单位对材料的实际需求，注重应用研发，以用户需求为导向研判材料领域"卡脖子"的技术方向。

3.问

实地调研，掌握第一手资料，走访相关材料研发、生产单位，厘清材料领域的创新链、产业链，了解材料研发及产业化过程中的关键技术难题，摸清弄懂材料科研生产的基本规律。

形成稳定可靠的数据积累，及时更新国内外技术现状、主流技术方向等技术背景资料，梳理国内外优劣势，储备材料技术发展的基本情况。

拓宽信息来源。针对同一问题，要从不同角度、不同方面获取信息，相互印证、力求准确。要与行业、地方建立有效的沟通机制，形成信息来源多渠道。

4.切

加强央地联动。做好材料领域宏观形势研判、顶层设计和政策储备。要充分发挥从中央到地方的科技行政管理系统的作用，形成体系化的材料科技行政工作体系。

优化平台布局。综合国际形势、国家战略、行业发展等需求，统筹布局材料领域国家实验室、技术创新中心等国家级科研平台，在关键核心技术方向持续稳定支持。

壮大人才队伍。构建梯次接续、结构合理的材料科研人才布局，重视科学家和企业家两个主体，建立青年人才培养的制度化机制，大力弘扬科学精神和严谨学风作风。

国内外支持青年人才的主要措施

单独计划、差异化支持。青年科研人员在科研能力、科研团队、知识积累、智力资源集聚、资源整合等方面相比经验丰富、高级专业技术职称的科研人员仍有较大的欠缺，不具备同等条件下的竞争优势。国内外往往采用单独设立青年项目计划、弱化申报条件的支持方式，在不同学科方向上、不同年龄段上设立差异化的评价标准，单独支持青年科技人才的成长。美国各类基金会以项目形式发放的拨款达 200 亿美元，其中专门针对青年科学家的资助金额达到 30 多亿美元；英国政府于 2013 年宣布投资 3.5 亿英镑用于在英国 24 所大学建设 70 多个新的博士培训中心，用于青年博士的培养工作。我国在国家和地方层面上同样对青年科研人才的培养提供了大力的支持，推出了针对青年拔尖人才和具有普遍性的青年科研人才支持计划，包括特支计划、青年科学基金等不同的政策和支持计划。

强化海外青年人才吸引机制。海外青年科研人员往往具有良好的学术生产力，是促进一个国家人才结构优化和科研领域发展的优质资源。美国、英国、德国等国家都制定了相应的人才吸引政策，特别是对青年人才的吸引。美国建立了高层次人才优先移民制度，英国从 2002 年开始实施"高技术人才移民政策"（HSMP）、德国设立了"国际研究基金奖"和"洪堡基金"，在全球范围内吸引了各个学科领域的顶级科学家。我国自 2010 年起开始实施青年项目，重点引进具有博士学位、40 岁以下、有较大发展潜力的海外青年人才，由中央财政提供补助和科研经费；中科院于 1994 年启动"百人计划"，目标在于吸引海内外优秀青年人才，培养一批学术带头人，由中科院给予入选者科研启动经费，并设立特殊津贴，提高人才待遇。

人才评价趋向综合能力评价。青年科研人才的培养和选拔离不开合理、有效的评价机制。在学术评价方面，结合理论基础与大量的实践，同行评议被认为是一种行之有效的评议机制，在国内外得到了广泛应用。小同行专家需要对涉及的学科领域有较深造诣，对学术方向和进展相当了解。在评审过程中，坚持定性与定量相结合的评价方式，能够有力保障学术水平的客观公正评价。美国针对不同科研岗位上的人才，建立不同的定期评议或评价制度，终身教授也不例外；韩国在评价人才方面，除科研论文外，还将创作物、国内外学术活动等多种实绩反映到评价指标中；我国近年来对于人才的评价已由单纯的"数论文"向科研能力、成果转化、同行评价等多方面综合考虑。中国科协于 2015 年试点启动"青年人才托举工程"，引导、支持所属的全国学会、协会、研究会（含学会联合体）探索创新青年科技人才的挖潜方式、评价办法、培育模式，优化青年科技人才培养的环境。

鼓励自由探索，宽容失败。在青年人才项目上重点支持创新型研究，鼓励围绕主流研究方向自由探索、自主选题，不限定研究方法和技术路线。不以预期研究目标作为考核评价项目的唯一标准，正视青年科研人员在创新研究道路上遇到的曲折与弯路，宽容失败，营造宽松、和谐的研究环境。西方发达国家在科技创新人才的环境建设中相当注重宽容失败。美国各界人士都相信大多数科技人员都具有良好的职业精神，失败并不是主观不努力造成的，"允许失败"的理念极大地保护了科技人员创新的积极性。我国在2008年颁布的新修订的《科技进步法》中明确规定："国家鼓励科学技术人员自由探索、勇于承担风险，原始记录能够证明承担探索性强、风险高的科学技术研究开发项目的科学技术人员已经履行了勤勉尽责义务仍不能完成该项目的，给予宽容"。

较长的研究评价周期。科学研究是一个知识创新和技术开发的过程，需要尊重科研工作从观点提出到成果实现中存在的周期规律，对立项的青年科技项目予以较长的实施周期（5年或者7年），不急于成果产出、不急于项目验收，客观评价青年科技人员的成果价值。重大的科研项目或创新性较强的原创性科学研究往往会耗费很长的时间才会取得一定进展，因此，科研评价周期不能过短，更不能以"一刀切"的方法实行一样的期限，而要顺应科研规律，实行弹性的科研期限。英国高校科研评估（RAE）一般每隔3年或5年进行一次评价，并根据实际需要，对评价的指标、方法等进行动态化的调整和完善。

强调学术诚信。青年科技人员从事科研的时间较短，较难积累丰富的成果，而在选人评价标准中往往通过"数论文""数专利"等单一方式对青年人才进行评价，往往造成青年人才在科研工作中"急功近利"。在给予青年人才更大科研自主权的同时，注重青年人员的科研诚信和道德规范，对学术捏造篡改、剽窃抄袭等学术不端行为"零容忍"。针对学术诚信，澳大利亚政府成立了澳大利亚研究理事会（ARC）、澳大利亚国家卫生与健康研究理事会（NHMRC）与澳大利亚诚信委员会（ARIC）等学术诚信制度建设与管理机构，通过制定学术行为规范，这些组织对澳大利亚国内各类研究组织具有非常明显的约束力，从而为澳大利亚的学术诚信制度建设奠定了良好的基础。近年来，我国先后制定和颁布了23部法律和部门规章，其中教育部 2009 年颁布的《教育部关于严肃处理高等学校学术不端行为的通知》，第一次明确地对学术不端行为进行了界定和分类，并且为各高校和科研机构查处和惩治学术不端行为提供了指导意见。

问题导向下对青年科学家计划的建议

目前，青年科技人才成长过程中面临着一些突出问题。

一是存在论资排辈倾向。一方面，在高校和科研院所中，青年科技人才往往需要加入科研团队共同进步，面对团队成员的年龄和职称差异，青年人才往往作为项目执行者而不是项目牵头人，在团队内部承担重大任务的机会少，部分岗位和任务不敢放心大胆使用青年人员，随之而来的是晋升空间、福利待遇、研究资源的严重不足；另一方面，职称对于高校青年人才申请项目、获得稳定科研经费支持具有十分重要的意义，而职称评审中需要考虑学位、论文、工龄、年龄、奖励等多方面因素，进一步加深了"论资排辈"的问题，并形成了恶性循环。青年科研人员无法独立主持项目，没有项目就没有好的成果，没有成果就没有职称，没有职称就更难拿到项目和出成果，从而打击了青年科研人员的积极性。

二是青年人才成长缺乏"领路人"机制。目前，对项目首席专家或领军人才取得科研成果和奖励的要求超出对其带队伍、举荐年轻人的要求，青年科研人员的重大科研成果往往隶属于团队, 青年科研人员难以积累有代表性的成果, 限制了其快速成长; 缺乏制度化的青年人才推荐机制, 无法完全遵循人才成长规律, 应突出品德、能力和业绩评价导向, 分类建立体现不同职业、不同岗位、不同层次人才特点的评价机制, 科学客观公正评价人才, 让各类人才价值得到充分尊重和体现。国家级、省部级人才计划或科技计划遴选人才或项目承担者, 多是通过部门或单位推荐, 省会城市、大城市的高校或"国字头"科研院所的青年科研人员才有机会脱颖而出, 而中小城市的青年科研人员成长通道十分受限。

三是青年科技人才待遇偏低。科研项目经费中有限的人员经费仅能满足项目负责人的待遇保障, 在团队建设、青年人才和研究生培养方面缺乏充足的可支配经费; 科研人员的收入水平, 尤其是在北京、上海等一线城市, 与住房消费等生活成本差距过大, 年轻人面临严重的生活压力, 导致难以心无旁骛地专注研究; 部分中小城市的高校青年教师、科研院所青年科研人员、企业一线青年研发人员及研究生、博士后等青年学者, 面临城市落户、编制等门槛较高, 住房、交通等生活压力较大等问题, 可能会造成急功近利的不踏实学风, 不利于科研的积极性和团队的稳定。虽然部分地方出台了针对青年人才的科研启动经费、住房保障等政策, 但往往在落实过程中不能完全兑现承诺。

四是针对青年科技人才的计划少。现有的国家、省市、地方科技计划项目虽然对青年人才有一定的单独支撑渠道, 但总体而言面临项目经费少、竞争压力大、学科分布不均匀、注重工程化应用等问题，青年科研人员的机会少、压力大，尤其是注重基础研究、冷门专业的青年人员参与面窄，在一定程度上限制了青年科技人才的成长。目前，地方积极对接国家自然科学基金会的"杰青""青年拔尖"等青年人才支持计划，但大多是针对极少部分"高精尖"青年人才的选拔、培养和奖励计划或政策，能够获得支持的青年人才只是很少一部分。科技计划、人才计划对杰出人才、拔尖人才、领军人才等高层次人才的支持属于选拔性特殊支持政策，院士增选、科技奖励等属于荣誉性特殊支持手段，而对于青年人才来说，则更需要"扶上马、送一程"式的普惠性和稳定性支持。

实施青年科学家计划，强化对青年科技人才的选拔、培养、评价和服务，加快我国青年科技人才培养制度化。

1. 总体思路

在对青年科技人才项目上重点支持创新型研究，鼓励围绕主流研究方向自由探索、自主选题，不限定研究方法和技术路线。不以预期研究目标为考核评价项目的唯一标准，正视青年科研人员在创新研究道路上遇到的曲折与弯路，宽容失败，营造宽松、和谐的研究环境。

2. 实施原则

支持青年科技人才开展关键核心技术攻关。聚焦战略性产业发展重点领域和民生领域重大需求，通过政府出资支持，给予青年人才在选题方向、目标导向上更宽松自主的权利，每年确定一定数量的青年科研工作者牵头开展前沿基础性研究。根据青年科技人才所处领域的不同，在 3～5 年内对项目开展情况进行连续跟踪，对成果显著的科研团队完成项目后实行滚动支持，并在国家其他项目申请过程中列为优先考虑对象。

3. 遴选方式

明确支持 40 岁以内的青年科技人才，激励青年科学技术人员的创新思维，培养青年科学技术人员独立主持科研项目、进行创新研究的能力。支持的人才应该具有高级专业技术职务（职称）或者博士学位，或者有 2 名与其研究领域相同、具有高级专业技术职务（职称）的科学技术人员推荐。

4. 责任机制

围绕瞄准国家战略的重要方向组建选拔人才的专家组，专家可以综合学术影响力、科研成果价值、技术研究创新性等因素，对有良好研究基础和创新能力的青年科技人才采用主动申请和专家实名推荐两种方式确定项目支持。推荐专家需要充分考核被推荐人的学术能力、学术态度和科研能力，对被推荐人发生的学术造假与腐败行为终身负责，对其推荐资格实施"一票否决"制度。

5. 支持措施

发挥计划对青年人才的激励作用，在项目承担人筛选过程中，合理简化申报流程，适当淡化对已取得科研成果限制，降低对已发表论文和专利等研究成果的评价依赖，重点选择技术路线科学明确、创新性强的项目予以支持，鼓励学术创新而不是"论文导向"。对侧重工程化和应用研究的方向，建立技术贡献度、经济价值等客观多样的评价方法，培养青年科研人员的兴趣和热情。

6.考核评价

青年项目的支持期限最长不超过 15 年。根据领域不同，以 3 年或 5 年为一个周期，开展执行情况评估，对专家组认可的明显取得技术进步或者有重大突破的项目团队进行滚动支持。在各类科技计划中，对青年人才项目单独切块、单独支持，建立稳定的支持机制。

7.学风作风

鼓励青年科技人才潜心开展基础研究，放宽基础弱、周期长的项目的评审时间。培育青年科技人才的创新精神，对目标不明确的自由探索项目，要以技术实现路径和研究成果进行客观评价。加强创新完善科研诚信制度建设，倡导学术自由，严惩学术不端，加强青年人才的学风作风建设，树立科学客观的思维方式，为可持续发展的科研中坚力量建设奠定坚实基础。

规划司中想材料

材料对科技和产业发展具有重大支撑引领作用，材料的先进性、支撑性和多样性特点，始终成为国际科技竞争的焦点，也是我国科技发展规划的重点。2018年10月，我离开材料处到战略规划司工作，得以有机会系统学习我国科技规划的编制历程，能够从更多领域、更广视角来重新认识和学习材料技术。

自1956—1967年科技规划以来，在历次中长期和五年科技规划中，材料领域的地位作用、任务布局、突破重点十分突出，推动了材料领域科研的体系化、持续化、稳定化发展。相关规划的文本都可通过公开渠道获得，在此仅对新材料人才发展、高性能膜材料、半导体照明、新型显示、高品质特殊钢等内容作简要回顾。

新材料人才十年发展布局（2010—2020）

新材料指通过新思想、新技术、新工艺、新装备等的应用，使传统材料性能有明显提升或产生新功能，或是设计开发出传统材料所不具备的优异性能和特殊功能的材料。传统材料是新材料发展的基础和土壤，新材料的发展又促进了传统材料产业的优化升级，两者密不可分。随着国民经济与社会发展阶段的不同，在不同区域、不同时间，新材料的内涵也在不断发展和深化，其发展重点和热点都有所不同。

新材料人才是指具有一定的新材料专业知识或专门技能，从事新材料领域创造性劳动，并对新材料事业及经济社会发展做出贡献的人，是人力资源中能力和素质较高的劳动者。新材料人才资源是我国新材料发展的根本。

一、发展重点

1.实现新材料人才资源总量满足领域发展需求

坚持创新和创业人才培养并重、研究开发与工程技术人才培养并重。依托重大科研项目和科研基地，充分利用国际交流项目，培养提高新材料领域研究开发人才的创新创业能力，突出培养新材料领域急需紧缺的前沿技术创新型人才和战略性新兴产业创业型人才；重点围绕钢铁、有色、石化、轻工、纺织、建材等基础材料高性能、低能耗、低污染和绿色制备、新兴材料产业科技创新等方面加强工程技术人才培养。

重视技能人才培养，加强领域各类人才队伍建设。充分利用各类专业技术职业学校和技工院校培养大批高技能人才，解决技能人才缺乏的问题，从技术集成的角度适应新材料发展趋势的要求，改革新材料技术人才继续教育和新一代材料技术人才的培养方法。

2. 优化人才资源结构

突出领军人才培养。加大新材料领域战略型领军人才的培养和引进力度，以需求为导向和紧缺人才优先，定向培养、引进领域领军人才，培养造就一批世界水平的科学家。加强创新创业精神教育，提高综合素质，强化复合型新材料人才的培养，着力补充工程技术型领军人才，充分发挥各类领军人才的作用。

建设层次分明、结构合理的人才团队。充分发挥科技创新创业领军人才的引领带动作用，突出其"团队核心"定位，以此建设高水平"核心团队"，树立系统的观念和团队精神，大力协同、合作攻关，提升新材料领域集成创新的能力和水平；同时处理好人才的合理流动，用活、用好人才。

3.改善领域人才发展环境

发挥政府引导和宏观调控作用。以政策和制度引导新材料领域人才队伍的建设，通过优化体制和各层面的机制创新，不断加大人才投入力度，不断提高人才工作管理的科学化水平，逐步引导各类人才合理流动与有效配置。

发挥企业在使用人才中的主体作用。企业要建立有效的人才工作机制，加大投入力度，解决微观层面人才培养和发展的问题，吸引人才向企业聚集，并留住人才，着力提高企业人才数量和质量。

遵循领域特点培养使用人才，营造人才辈出的社会环境。对新材料的基础研究、关键技术、产业化开发各环节不同类型人才，要建立健全不同的评价体系、投入方式、管理服务，调整和完善人才培养、使用、评价、激励机制，坚持高端引领，加强组织领导，依靠制度环境出人才，依靠创新创业发展机会吸引人才。

二、任务布局

1.瞄准学科前沿和前沿技术领域，培养创新型领军人才和高精尖的创新团队

通过重点突破，探求新材料科学前沿和技术制高点发展中人才的培育与引进、聚集与流动、开发与利用等规律，努力营造优良环境，激发创造活力，育好才、聚好才、用好才，在高校和科研院所建成若干人才优先小特区，抢占新材料前沿技术制高点。

　　针对纳米材料与器件、微电子 / 光电子材料与器件、新型功能与智能材料、高性能结构材料、生物医用材料、高效能源材料、生态环境材料等新材料技术制高点，以及材料的设计、制备加工与评价，材料高效利用、材料服役行为和工程化关键技术研发，重点培育、引进并聚集跨学科、跨领域战略型领军人才和前沿技术创新型人才，培养世界水平科学家，建设创新团队，为本领域发展提供高端人才支持。

　　围绕解决我国国民经济重大问题，瞄准纳米材料与器件技术发展的热点和最有可能实现技术突破及应用的领域，培养一批纳米材料与器件创新研发人才和工程技术骨干人才，形成新的经济增长点。

　　为突破信息材料与器件关键技术，提升我国微电子、光电子技术实力和产业核心竞争力，满足光通信和量子通信及量子信息处理等领域的迫切需求，形成规模化产业集群，造就一批高水平中青年学术带头人，为我国信息功能新材料与器件研发及产业发展提供技术支撑和人才储备。

　　为满足新型功能材料前沿技术发展和应用需要，引领高效能源新技术发展方向，不断提高人民健康品质和生命质量，改善人类生活环境，提升我国材料整体上的环境协调性，促进资源节约、环境友好型社会建设，形成具有自主知识产权的核心技术和标准体系，培养出一批新型功能材料的创新人才。

　　针对国家科技重大专项、重大建设工程、战略性新兴产业、前沿技术领域的需求，选择具有重大支柱作用的先进结构材料重点方向，发展超高强韧性等高性能和高附加值的新型结构材料，突出战略性、前瞻性和共用性，突破工程化关键技术，实现跨越发展，培养一批高性能结构材料研发人才和工程技术骨干人才。

为满足我国高新技术产业发展对材料设计、制备与加工新技术的需求，快速提升我国材料高效利用关键技术的水平，赶超国际先进水平，培养出一批高水平的人才队伍。

2. 面向国民经济社会发展和国家安全重大需求，培养紧缺急需的高层次领军人才和高水平创新团队

以国家战略目标为牵引，以服务人才强国战略作为人才工作的出发点和落脚点，保障国家重大专项、重点工程和国防建设重大任务的顺利完成，提供高层次、高技能的人才支撑，满足国家经济社会可持续发展对领域人才的重大需求。

落实核心电子器件、高端通用芯片及基础软件、极大规模集成电路制造技术及成套工艺、大型飞机、载人航天与探月工程、高分辨率对地观测系统、大型先进压水堆及高温气冷堆核电站、水体污染控制与治理等16个重大专项的相关新材料人才队伍建设。

为保障国家重点工程和国防建设，支撑新能源、信息、新医药、先进制造等战略高新技术领域的产业发展，培养国防工程及高新技术领域相关的新材料人才队伍。

为促进循环经济、解决资源能源环境等经济社会发展的紧

迫问题，服务于提高人民生活健康水平、民生社会关注的重大问题，培养支撑可持续发展的新材料人才队伍。

3. 为培育和发展战略性新兴产业，培养面向新兴市场的创新创业人才队伍

把握战略性新兴产业的发展态势和人才需求，确立各类新材料人才优先发展的战略地位，以国际化视野，突出国家目标，提前储备，优先布局，建设领域人才聚集高地，壮大新材料创新创业人才资源队伍，为国家战略性新兴产业发展提供人才资源保障。

大力培育半导体照明、新型显示系统、高性能电池关键材料、稀土功能材料、高性能纤维及复合材料、高品质特殊钢、高性能膜材料、军民两用材料等高成长、高带动、就业机会多、资源消耗低和综合效益好的战略性新兴产业的创新创业型人才队伍。

培养半导体照明、新型显示等战略性新兴产业的创新创业型人才队伍。为突破引领未来白光照明自主创新技术，实现半导体照明技术应用的人才支撑；为激光和有机发光等显示技术的突破、产业技术体系的形成和大规模商业应用，培养创新创业人才和团队。

引领高性能电池技术发展和新兴高端电池产业，针对太阳能电池、燃料电池等发电电池和锂离子电池、液流电池等储能电池的关键材料技术突破和系统集成技术的完善，培养创新创业型人才和团队。

解决高端稀土功能材料的产业化关键技术，形成具有国际竞

争力的高端稀土功能材料产业，催生战略型高端新兴产业链，培育创新创业人才和团队。

突破高性能纤维和复合材料规模制备稳定化和低成本制备关键技术，以及高品质特殊钢、高性能膜材料、军民两用材料技术发展和应用，培养创新创业人才和团队。

4. 为基础性原材料产业结构调整、升级换代，培养一批工程型技术创新人才

立足基础性原材料产业量大面广的现状和领域特点，充分了解行业状况，体现产业需求，统筹兼顾，为量大面广的基础性原材料产业的结构调整与产业升级，培养工程型技术创新人才，落实企业的人才队伍建设。

进一步推进钢铁、有色、石化、轻工、纺织、建材等材料产业国家振兴规划的实施，实现高性能、低能耗、低污染和绿色制备的清洁生产，提升能源利用效率，降低污染物排放，为应对气候变化，落实节能减排，培养工程型技术创新人才和团队，推进基础材料重点产业人才结构不断优化、整体水平逐步提升。

围绕国民经济社会发展、国家重大战略任务和重点工程配套等对高性能基础性原材料产品的重大需求，推动产业向高端延伸，加快我国基础性原材料产业自主创新技术的发展，提升材料行业整体的国际竞争力，培养钢铁、有色、石化、纺织、轻工、建材等高性能先进技术与关键产业技术，以及极端环境制备新技术和装备等方面的工程型技术创新人才。

三、重点措施

1.统筹推进"人才、团队、项目、基地"一体化建设

以人才为核心，统筹产业创新链整体推进，以领军人才培养带动创新团队建设为主线，以科研项目部署推动示范基地建设为抓手，按照"领军人才＋创新团队＋科研项目＋示范基地"的总体思路，加强"人才、团队、项目、基地"的有机结合；以重大项目实施为试点，注重对领域创新创业领军人才与创新团队的遴选认定，遵循人才发展与科技创新规律，完善科技项目评审与管理机制，在项目中体现人才团队任务与考核指标，评估中对人才建设有评价，并配以长期、稳定、大强度的持续支持；实施有利于科研人才潜心研究和产业人才创新创业的政策。在实践中不断探索科研管理的新机制、新模式，不断总结人才建设的新做法、新经验，切实推进以人才培养与创新团队建设为主的"人才、项目、基地"一体化建设，不断开创人才培养与团队建设的新局面。

2.发挥国家科技计划作用

以积极落实"创新人才推进计划"为导向，坚持在重大创新实践中加强新材料领军人才和创新团队培养。重点以国家科技计划为依托，支持和培育一批具有发展潜力的中青年科技创新领军人才，将科研项目与领军人才培养目标紧密结合，逐步强化科技计划中的人才培养要求，在科技计划项目中通过遴选优秀人才团队，实施稳定支持，将新材料领军人才的培养与科技研发目标相结合，以此作为领军人才培养与创新团队建设的重要途径和措施，着重加大对高端复合型、交叉型、工程化领军人才的支持与培养力度。

注重结合新材料领域海外高层次创新创业人才的引进，继续做好已有人才支持计划的工作，加大"长江学者奖励计划""国家杰出青年科学基金"等人才项目在新材料领域的组织实施力度。

3. 完善产学研用联合培养创新创业人才的机制

围绕国家技术创新工程的实施，发挥部门、地方、行业的作用，针对行业重大前沿技术与产业化关键共性技术，引导企业、大学、科研机构共同组成以企业为主体、产学研用紧密结合的产业技术创新战略联盟，依托创新型企业和产业技术创新战略联盟实施重大创新项目，吸引和凝聚更多各类高层次创新型科技人才，支持企业、科研院所与高等学校通过实质性研发合作，联合培养高层次领军人才和创新团队；注重创新型企业的人才培育，探索工程科技人员继续教育与培训的新机制，进一步完善以企业为主、产学研用联合培养材料工程硕士、工程博士的"双导师制"。不断完善学校教育和实践锻炼相结合的开放式人才培养体系。

4. 加强领域急需的工程技术人才教育培养机制

围绕领域人才紧缺与企业实际需求，配合"卓越工程师教育培养计划"，加大工程师的培养力度，加强材料工程及相关领域硕士及博士研究生教育，满足高层次工程化人才需求。

以市场需求为导向，建设继续教育基地，建立终生学习机制，促进工程技术人才知识更新。颁布实施继续教育法，通过法律明确企事业单位继续教育与培训的义务与职责，切实促进用人单位加强继续教育与培训；鼓励按照股份方式建立不同行业、不同层次的各类人才继续教育与培训基地。鼓励企业接纳学生实习、实践，鼓励具备条件的国家工程技术中心开展高级工程技术人员的培训工作。

5. 引导和鼓励新材料人才向企业集聚

加强产学研合作，重视企业工程技术与管理人才的培养，推动科技人才向企业集聚，加快制定人才向企业流动的引导政策，实施"新材料人才强企行动"。引导广大企业不断改善人才工作环境与条件，为一线用人单位充实大批用得上、留得住的人才；加大对企业教育培训的税收优惠政策力度，进一步加大企业提取职工教育经费在所得税前扣除的力度，并适当放宽使用限制；有条件的企业要制定吸纳、留住急需紧缺人才的优惠政策和配套措施，建设形成若干企业人才高地。

高性能膜材料

　　高性能膜材料的发展得到了全球范围的高度重视，多国政府将膜技术作为 21 世纪高新技术进行研究与开发，制订了相应的研究开发计划，促进了膜材料技术和产业的强劲发展。目前全球高性能膜材料的发展呈现以下几方面特点：膜材料产业向高性能、低成本及绿色化方向发展；膜材料市场快速发展，与上下游产业结合日趋紧密；膜技术对节能减排、产业结构升级的推动作用日趋明显；膜技术对保障饮水安全，减少环境污染的作用显著增强。

　　2010 年，我国膜产值超过 300 亿元，占全球膜市场的 10% 左右。全国从事分离膜研究的科研院所、高等院校近 100 家，膜制品生产企业达 300 余家，工程公司超过 1000 家，已初步建立了较完整的高性能膜材料创新链和产业链。在高性能水处理膜材料、特种分离膜材料、气体分离膜材料、离子交换膜材料、生物医用膜材料等方面，开发了一批具有自主知识产权的膜材料，部分产品实现了规模化生产，制备技术和应用技术得到了快速发展，促进了膜材料市场的增长。

　　水资源匮乏和水污染日益严重已成为制约我国社会进步和

经济发展的瓶颈，膜法水处理技术是解决资源型缺水和水质型缺水问题的重要技术。开发高性能反渗透膜材料，可以大幅降低膜法制水成本，解决沿海地区缺水问题；开发高性能水质净化膜材料，可以提高自来水水质，保障人民身体健康；开发高强度、抗污染的膜生物反应器（MBR）专用膜材料，可以实现市政污水回用，解决城市缺水问题。膜技术已逐渐成为水处理的主流技术，成为保障我国水安全的重要内容，对膜材料需求日益迫切。

以耐溶剂、耐高温的特种分离膜材料为基础，发展高效分离技术是降低过程能耗、减少环境污染、提高资源利用率的重要手段。近年来，化工、冶金、电力、石油等行业的废水处理回用和原油加工、石化产品生产等行业的有机溶剂回用处理，迫切需要开发耐溶剂的高性能分离膜材料。天然气利用和输送中的脱水、脱二氧化碳和脱硫化氢，以及实现煤的清洁利用，迫切需要开发高性能的气体分离与净化膜材料。发酵工业和过程工业中恒沸体系的分离及物料脱水，是过程工业节能降耗的关键技术，迫切需要开发高性能的渗透汽化膜和耐溶剂的纳滤膜。

1. 发展思路

以膜材料的研究开发为核心、产业化为目标，坚持政府引导和市场推动相结合，深化产学研用合作，着力突破相关膜材料制备的关键技术，推动膜材料在水资源、节能减排、资源高效利用等相关行业的应用，促进膜行业的发展。

坚持统筹规划，构建创新体系。在国家层面进行顶层设计，统筹各类科技计划，形成膜领域创新资源的优化布局。通过项目、人才、基地的联动，充分整合地方和社会创新资源，构筑我国膜领域的知识创新体系、技术创新体系和中介服务体系。

坚持材料创新，提升产业层次。以膜材料的创新为核心，在若干重要应用领域形成具有自主知识产权和自主品牌的国产膜材料，提高市场占有率，改变"高端产业、低端环节"的困境，提升膜产业的附加值和市场竞争力。

坚持需求牵引，做大产业规模。以海水淡化、饮用水净化、市政污水资源化的水处理膜和过程工业中的特种分离膜等为切入点，实施水处理膜材料和特种分离膜材料并重的发展战略，加大技术研发和市场开拓力度，做大产业规模。

坚持企业主体，打造龙头企业。以若干有一定基础的创新型企业为核心，通过国家和地方的联动、高校院所和企业资源的组合、科技人才与金融资本的衔接，提升企业的技术创新能力和市场开拓能力，培育具有国际竞争力的上市公司和企业集团。

坚持以人为本，形成人才高地。把提升自主创新能力与组建高水平的创新团队结合起来，促进人才在高校院所和企业之间的充分流动，鼓励高校院所科技人才创新创业，鼓励科技人才与企业家结合，着力打造若干人才集聚区，形成具有国际先进水平的研发中心，建成具有持续创新能力的国家级创新平台。

提升自主创新能力。基础研究走在国际前列，培养若干有国际影响力的学术研究方向、创新团队和知名学术带头人；原始创新能力有所提高,在固体氧化物燃料电池膜材料、金属和金属间化合物膜材料、智能膜材料等优势前沿领域形成专利池,占领产业发展制高点;关键技术实现重大突破,在国家重大需求的水处理膜材料、特种分离膜材料、离子交换膜材料领域,着力解决产业化关键技术难题,形成具备国际竞争力的技术基础。提升产业竞争力。膜产业保持快速增长,产业附加值有显著提升,陶瓷膜、MBR 专用膜材料、高分子超滤微滤膜等重要膜品种的国内市场占有率显著提高;着力培育龙头企业,力争上市公司达到 10 家以上;布局若干膜产业集聚区,推动集群创新。提升在资源节约、环境友好型社会建设中的贡献度。具备大型海水淡化成套装备和膜材料的设计、制造和运行调试能力,具备大型饮用水成套装备国产化能力,膜法自来水厂改造初步形成产业,具备大型 MBR 工程装备国产化能力,膜催化反应器技术获得大面积推广应用,离子交换膜氯碱集成工艺装备国产化,渗透汽化和蒸汽渗透技术成为溶剂脱水的主流技术之一,膜技术在油田回注水、炼焦废水、农药废水、印染废水处理等领域获得全面推广应用。

2. 基础研究

面向国家重大需求,加强膜领域的基础理论和原创技术研究,提升膜领域发展的自主性和可持续性。围绕膜分离性能与膜材料微结构的关系、膜材料的微结构形成机制与控制方法、应用过程中膜材料微结构的演变规律 3 个关键科学问题开展研究,进一步完善面向应用过程的膜材料设计与制备理论框架,在膜材料的基础理论研究方面取得突破。通过研究智能膜材料、合金膜材料、新型结构膜材料等新材料，形成一系列原创性的膜材料和专有制备技术，构建我国膜材料设计与制备的技术平台，为我国开发具有自主知识产权的高性能膜材料奠定基础。

3.高性能水处理膜材料

在水资源领域，重点突破海水淡化用高性能反渗透膜、水质净化用纳滤膜和废水处理用膜生物反应器专用膜材料的规模化制备技术，以解决制约我国国民经济可持续发展的水资源短缺和饮用水安全问题。

高性能反渗透膜材料。满足海水淡化、苦咸水淡化等技术对高性能反渗透膜材料的需求，重点开发高性能聚酰胺类反渗透膜原材料；研究开发抗污染、抗氧化、耐溶剂反渗透膜材料；研究开发反渗透膜元件卷制封装技术，建设自主知识产权的反渗透膜规模化生产线；研究海水淡化膜材料大规模产业化关键技术，开发大型海水淡化膜元件；鼓励开发高脱硼海水淡化反渗透膜材料、正渗透膜材料、膜蒸馏技术等。

高通量纳滤膜材料。围绕水质深度净化技术对膜材料的需求，重点开发高通量复合纳滤膜材料及其规模化制备技术；研究开发万吨/日的纳滤膜过滤高硬度地下水/井水制备饮用水工艺，中空纤维复合纳滤膜规模化制备技术，微污染水深度处理工业化应用技术；研究界面聚合法制备完整无缺陷复合纳滤膜技术，开发膜面缺陷在线监测系统；鼓励开发脱硝和海水软化纳滤膜，耐腐蚀、耐溶剂纳滤膜。

MBR 专用膜材料。围绕污水综合治理、废水资源化等水处理技术对膜材料的需求，重点开发增强型 MBR 专用膜材料等高强度、抗污染 MBR 膜材料；研究涂膜液配方与大型膜液调配系统；开发增强型聚偏氟乙烯（PVDF）等膜生产线；开发大型膜组器工业化生产技术；开发大型 MBR 装置。

4. 特种分离膜材料

针对过程工业中高温、溶剂和反应体系等苛刻环境下的分离问题，重点突破陶瓷纳滤膜材料、气体分离和净化膜材料、渗透汽化和蒸汽渗透膜材料的规模化制备关键技术，引领我国膜产业向高端化发展，为我国节能减排具体目标的实现提供技术支撑。

高性能陶瓷膜及膜反应器。围绕过程工业的需求，重点开发高分离精度的陶瓷膜材料及膜反应器；研究陶瓷纳滤膜的微结构调控及表面功能化技术，开发规模化陶瓷纳滤膜制备技术及生产线；开发新型陶瓷纳滤膜应用装备。

气体分离膜材料。围绕能源清洁利用和环境减排对膜材料的需求，重点发展透氢与透氧的气体分离膜材料，特别是用于高纯氢气制备的复合钯膜材料和用于高纯氧气制备的混合导体透氧膜材料；开发用于天然气净化与综合利用的气体分离膜材料；开发用于分离捕集温室气体的膜材料，尤其是用于分离二氧化碳的固定载体膜材料；开发卷式分离膜及中空纤维复合膜规模化连续生产技术；鼓励发展富氮膜材料。

气体净化膜材料。围绕产业结构调整升级的需求，开发高温气体净化工程化装备及关键膜材料；重点研究碳化硅支撑体成型技术和烧结技术，开发非对称纯质碳化硅膜材料及规模化生产技术；开发高孔隙率非对称陶瓷膜材料制备技术；研究膜层在支撑体表面的均匀涂覆技术，开发抗热震多孔金属复合膜材料规模化制备技术；鼓励开发耐高温亲水性聚四氟乙烯膜材料及其应用技术。

渗透汽化膜材料。围绕溶剂分离的需求，重点开发疏水型膜材料；开发高稳定性分子筛膜材料、有机无机复合膜材料规模化制备技术；开发中空纤维纳米杂化多层膜材料及其规模化制备技术；开发高装填面积膜组件；鼓励开发用于有机物—有机物分离的膜材料和有机气体回收的膜材料。

5.离子交换膜材料

全氟离子交换膜。围绕氯碱行业、燃料电池、储能电池和动力电池的重大需求，重点开发高性能离子交换膜制备技术及在氯碱行业的工业化应用技术，开发高性能、低成本电池用离子交换膜；鼓励开发新型耐热离子交换膜、抗过氧化氢氧化离子交换膜、氢氧根传导离子交换膜材料。

固体氧化物燃料电池膜材料。围绕高效率燃料电池技术及产业化需求，研究开发高电导率固体氧化物膜材料，开发制备超薄固体氧化物膜材料；鼓励开发单室固体氧化物燃料电池和微型固体氧化物燃料电池。

双极膜和扩散渗析膜。围绕过程工业的废酸碱资源化利用，重点研究新型扩散渗析膜材料规模化制备技术；开发高性能双极膜材料规模化制备技术；开发废酸和废碱回收成套装备与工程化技术，双极膜应用的成套装备与工程化技术。

6. 集成应用示范

重点开发新型膜分离集成过程，注重过程强化及在水资源、能源、生态环境、传统产业改造、社会发展和循环经济等领域的应用，形成基于膜分离集成过程的水资源综合治理和传统产业改造成套技术与装备，发展新型共性技术，为膜产业发展提供技术支撑。

基于膜分离集成过程的水资源综合利用技术。重点建设沿海工业园区海水淡化及其综合利用示范工程，形成包括反渗透预处理、反渗透海水淡化、浓盐水后处理、园区废水处理和中水回用的海水综合利用集成系统；重点开发大型 MBR 市政污水处理工艺，建成 10 万吨级市政污水处理及全回用示范工程。

膜法深度水处理技术。重点开发膜法自来水深度处理工艺，建成万吨级纳滤膜自来水生产示范工程；重点开展膜法污水处理工艺研究，实现焦化废水、油田采出水、农药废水、印染废水等国民经济重点行业废水无害化、资源化处理，建成万吨级膜法污水处理工艺及成套装备。

面向过程工业的膜集成技术。针对钢铁冶金、化工制药、生物工程等相关领域，着重研究过程强化的膜分离工艺，开发形成膜集成技术；重点开发化工和石油化工行业重要反应与膜分离过程耦合工程化技术，建成膜反应器成套装置应用示范工程；重点开发离子交换膜大规模制备技术并建成生产线，开发膜法盐水精制和离子交换膜氯碱集成技术，建成氯碱生产示范工程。

"十城万盏"和半导体照明

半导体照明是继白炽灯、荧光灯之后照明光源的又一次革命，不仅节能环保效果非常明显，而且将使百年传统照明工业迎来电子化大规模的数字技术时代，引发人类生产、生活方式的变化。伴随着半导体照明技术的进步，LED 光效已经高于传统的照明与显示光源，LED 照明产品进入主流通用照明领域。

半导体照明产业是变革传统照明产业的战略性新兴产业，它的技术进展和产业化是国家科技工作一直关注的重要工作。2003年6月，科技部联合信息产业部（现工业和信息化部）、建设部（现住房城乡建设部）、教育部、中科院、中国轻工业联合会、北京市科委、上海市科委、广东省科技厅等有关部门，成立国家半导体照明工程协调领导小组，启动了"国家半导体照明工程"，充分发挥部门、行业、地方政府的力量，共同推进半导体照明战略性新兴产业的发展。同年10月，科技部紧急启动"半导体照明工程"攻关项目，安排专项经费3500万元，以解决近期特殊照明市场急需的产业化关键技术，以中远期培育白光通用照明产业为目标，以应用促发展，推动形成有核心竞争力的中国半导体照明产业。

2006 年 8 月，科技部在"十五"国家半导体照明工程实施的基础上，根据《国家中长期科学和技术发展规划纲要（2006—2020 年）》的部署和"十一五"科技发展规划，在"十一五"新材料领域中设立 863 计划"半导体照明工程"重大项目，安排经费 3.5 亿元，对半导体照明核心技术的突破和产业化关键技术的攻关等进行了全产业链部署，并明确了"十一五"的战略目标：通过自主创新，突破白光照明部分核心专利，解决半导体照明市场急需的产业化关键技术，建立完善的技术创新体系与特色产业集群，完善半导体照明产业链，形成我国具有国际竞争力的半导体照明新兴产业。

2009 年，科技部启动了"十城万盏"半导体照明应用工程试点工作，着力突破制约产业转型升级的关键技术，推动节能减排，拉动消费需求，促进产业核心技术研发与创新能力的提高，以应用促发展，有效引导我国半导体照明应用的健康快速发展。在充分考虑地方科技和产业基础、能源价格水平、地方政府积极性的基础上，前后分两批共批复了 37 个试点城市开展"十城万盏"试点工作。第一批（21 个）：上海市、天津市、重庆市、广东省深圳市、广东省东莞市、江苏省扬州市、浙江省宁波市、浙江省杭州市、福建省厦门市、福建省福州市、江西省南昌市、四川省成都市、四川省绵阳市、湖北省武汉市、山东省潍坊市、河南省郑州市、河北省保定市、河北省石家庄市、辽宁省大连市、黑龙江省哈尔滨市、陕西省西安市。第二批（16个）：北京市、山西省临汾市、江苏省常州市、浙江省湖州市、安徽省合肥市、安徽省芜湖市、福建省漳州市、福建省平潭综合试验区、山东省青岛市、湖南省郴州市、湖南省湘潭市、广东省广州市、广东省佛山市、广东省中山市、海南省海口市、陕西省宝鸡市。

"十城万盏"试点工作得到了国务院有关部门和地方政府的积极关注和大力支持，试点城市人民政府作为责任主体，充分发挥了主观能动性，有效推进了试点工作的开展，加快了技术创新的步伐，带动了相关产业的发展，取得了很多有价值的经验和成绩。2012年3月，财政部、发展改革委、科技部在"十城万盏"试点工作的基础上，联合开展半导体照明应用产品财政补贴招标工作，进一步推进半导体照明产业的健康快速发展。

在启动"十城万盏"试点工作之初，我国就将探索建立应用推广的市场机制摆在十分重要的位置。从某种意义上说，运行模式成功与否决定着"十城万盏"试点工作的成败，这项工作很具创新性。我国LED功能性照明处在起步阶段，市场环境亟待建设和完善，大部分试点城市加大了政府推动的力度。同时，多数试点城市对推广的商业模式进行了积极探索，并取得了宝贵的经验，包括合同能源管理（EMC）模式、建设—移交（BT）模式、建设—运营—移交（BOT）模式、财政补贴模式等。

通过"十城万盏"工作的深入开展，体现了我国政府节能减排承诺与培育和发展战略性新兴产业的决心，坚定了国内半导体照明企业对未来发展的信心。通过应用促进科技创新，通过示范工程加快迭代研发，促进产业应用，打通产业链条，创新科技管理组织模式，发挥科技支撑经济发展的作用，促进节能减排，成功探索出一条从研发到产业化的有效途径，在国内外都产生了巨大而深远的影响。

近年来，半导体照明技术快速发展，正向更高光效、更优发光品质、更低成本、更多功能、更可靠性能和更广泛应用方向发展。"十二五"初期，国际上大功率白光 LED（发光二极管）产业化的光效水平已经超过 130 lm/W。据报道，实验室 LED 光效超过 200 lm/W。虽然 LED 的技术创新和应用创新速度远远超过预期，但与 400 lm/W 的理论光效相比，仍有巨大的发展空间。半导体照明在技术快速发展的同时也不断催生出新的应用。目前，竞争焦点主要集中在 GaN 基 LED 外延材料与芯片、高效和高亮度大功率 LED 器件、LED 功能性照明产品、智能化照明系统及解决方案、创新照明应用及相关重大装备开发等方面。

OLED（有机发光二极管）作为柔和的平面光源，与 LED 光源可以形成互补优势，近年来发展同样迅速。据报道，实验室白光 OLED 光效已达 128 lm/W。与之相关的有机发光材料、生产装备和新型灯具的研发正顺势而上。目前，市场上已有少量 OLED 照明产品。

许多发达国家 / 地区政府均安排了专项资金，设立了专项计划，制订了严格的白炽灯淘汰计划，大力扶持本国和本地区半导体照明技术创新与产业发展。全球产业呈现出美、日、欧三足鼎立，韩国、中国大陆与台湾地区奋起直追的竞争格局。半导体照明产业已成为国际大企业战略转移的方向，产业整合速度加快，商业模式不断创新。瞄准新兴应用市场，国际大型消费类电子企业开始从产业链后端向前端发展；以中国台湾地区为代表的集成电路厂商也加快了在半导体照明领域的布局；专利、标准、人才的竞争达到白热化，产业发展呈爆发式增长态势，已经到了抢占产业制高点的关键时刻。

在国家研发投入的持续支持和市场需求的拉动下，我国半导体照明技术创新能力得到了迅速提升，产业链上游技术创新与国际水平差距逐步缩小，下游照明应用有望通过系统集成技术创新实现跨越式发展。部分产业化技术接近国际先进水平。指示、显示和中大尺寸背光源产业初具规模，产业链日趋完整，功能性照明节能效果已经显现。标准制定及检测能力有了长足进步。

半导体照明产业具有资源能耗低、带动系数大、创造就业能力强、综合效益好的特点。随着人们对更高照明品质、更加节能环保的追求，以及半导体照明应用市场的快速发展，仍有很多技术问题亟待解决，迫切需要开展针对不同应用领域的高可靠、低成本的产业化关键技术研发，抢占下一代核心技术制高点。随着城市化进程加快，对照明产品的消费将进一步增加，节能减排的压力日益增大，急需规模应用半导体照明节能产品。伴随着信息显示、数字家电、汽车、装备、原材料等传统产业转型升级的压力，迫切需要应用新的半导体照明技术和产品。此外，随着我国就业压力日益严峻，迫切需要发挥半导体照明产业的技术、劳动双密集型特征，创造更多的就业岗位。

坚持统筹规划与市场机制相结合。加强统筹规划，推进相关部门的工作协调，形成产业创新发展的合力；突出市场需求，以企业为主体，通过产业技术创新战略联盟优化协同创新体制机制，加快推进技术创新、产品开发、示范应用和产业发展，形成一批龙头品牌企业。坚持系统布局与重点突破相结合。系统布局半导体照明技术创新链和产业链，优化创新体系和发展环境；重点突破核心装备和商业推广模式两大瓶颈，形成具有自主知识产权的核心技术；将技术创新与示范应用相结合，形成区域特色优势明显、配套体系齐全的产业集群。坚持平台建设与人才培养相结合。建立具有自主知识产权并具备持续创新能力的创新体系和公共研发平台，为半导体照明产业的可持续发展提供支撑；鼓励高等院校开设相关学科，探索专业化的职业资格培训和认证，为产业人才供给提供保障。坚持立足国内与面向国际相结合。统筹国内国际两种资源、两个市场，积极参与国际标准的制定，加强国际科技合作和开放创新；加强应用领域的创新突破，积极开拓国际市场，提升产业的国际竞争力。

实现从基础研究、前沿技术、应用技术到示范应用全创新链的重点技术突破，关键生产设备、重要原材料实现国产化；重点开发新型健康环保的半导体照明标准化、规格化产品，实现大规模的示范应用；建立具有国际先进水平的公共研发、检测和服务平台；完善科技创新和产业发展的政策与服务环境，建成一批试点示范城市和特色产业化基地，培育拥有知名品牌的龙头企业，形成具有国际竞争力的半导体照明产业。

1. 基础研究

解决宽禁带衬底上高效率 LED 芯片的若干基础科学问题，研究高密度载流子注入条件下的束缚激子及其复合机制；探索通信调制功能和 LED 照明器件相互影响机制。

超高效率氮化物 LED 芯片基础研究。研究大注入条件下 LED 的发光机制，建立功率 LED 器件的基本物理模型，研制高质量氮化物半导体量子阱材料和超高效率氮化物 LED 芯片并完成应用验证，提出提高氮化物 LED 发光效率的新概念、新结构、新方法，突破下一代白光 LED 核心技术。

新型微纳结构半导体照明。研究微纳材料和技术对白光 LED 效率的作用机制，掌握提高 LED 量子效率的方法，突破下一代白光照明核心微纳技术。研究纳米图形衬底的制备原理及对外延材料的影响机制；研究表面等离子体结构对半导体照明器件量子效率的提升作用；研究微纳结构的作用机制和出光效率的提升方法。

短距离光通信与照明结合的新型 LED 器件基础研究。重点开展载流子复合通道和寿命的关联性、掺杂机制、电流通路高速响应机制、外延芯片封装结构对照明及通信质量的调控、器件级通信质量分析验证、LED 芯片与探测器单片集成机制和工艺、高速短距离光通信单元组件等研究。开展新型 LED 器件相关物理问题的研究，研制出通信、照明两用的高速调制的创新型 LED 通信照明光源。

超高效 OLED 白光器件基础研究。重点开展载流子注入和激子复合机制、金属电极等离子体淬灭机制及其应对方法、表面等离子局域发光增强机制和方法、出光提取、新型发光材料和主体材料的设计、蓝色磷光材料的退化机制、高效长寿命叠层白光 OLED 器件等研究；力求制备出 1000 尼特条件下光效超过 120 lm/W 的有机白光器件。

2. 前沿技术

突破白光 LED 专利壁垒，光效达到国际同期先进水平；研究大尺寸 Si 衬底等白光 LED 制备技术，加强单芯片白光、紫外发光二极管（UV-LED）、OLED 等新的白光照明技术路线研究；突破高光效、高可靠、低成本的核心器件产业化技术；提升 LED 器件及系统可靠性；实现核心装备和关键配套原材料国产化，提升产业制造水平与盈利能力。

半导体照明用衬底制备技术。大尺寸蓝宝石衬底的制备及图形衬底加工工艺；高质量 SiC 单晶的生长、切割和晶片加工技术；GaN 同质衬底制备技术，同质衬底半导体照明外延及器件制备技术；高质量 AlN、ZnO 等宽禁带衬底制备关键技术。

外延芯片产业化关键技术。大尺寸 Si、蓝宝石、SiC 等衬底的外延生长、器件制备技术；LED 器件结构设计和内量子效率提升技术；基于图形衬底的高效 LED 器件关键技术；垂直结构 LED 产业化制备技术；高压交 / 直流（AC/HV）LED 外延、芯片及系统集成技术；高空穴浓度 P 型氮化物材料制备技术；高电流密度、大电流 LED 技术开发；基于氧化锌透明导电层的高效 LED 芯片技术；高效绿光 LED 外延、芯片技术；高显色指数白光 LED 用高效红光、黄光 LED 外延、芯片技术；结合集成电路工艺的 LED 芯片级光源技术；多片式 MOCVD、新型多片 HVPE（氢化物气相外延）及 ICP（等离子刻蚀）等生产型设备国产化关键技术。

封装及系统集成技术。高效白光 LED 器件封装关键技术、设计与配套材料开发；三维封装和多功能系统集成封装技术；有机硅、环氧树脂、固晶胶、固晶共晶焊料等封装材料与相关工艺开发；陶瓷、高分子、石墨等封装散热材料开发；LED 封装及集成系统的加速测试技术；高光效、高（小）色区集中率的荧光粉及其涂覆技术；嵌入式照明材料及技术研究。

照明系统关键技术。综合考虑照明系统的功能、易用性、兼容性、可替换性、可升级性和成本条件下，系统架构、界面及其优化方法研究；低成本、高可靠性、易于集成的环境与用户存在、位置、情感和视觉感知技术及其集成方法研究；具有前瞻性、通用性、低成本高可靠性的通信技术与色温实时、动态控制算法研究；照明与应用环境相结合并突出被照物特点的最佳色彩、色温、显色指数的照明配方与实现方法研究；以软件服务为导向的照明系统技术与解决方案研究。

OLED 半导体照明关键技术。高效、高可靠性、低成本 OLED 材料的成套性、创新性开发及其纯化技术；白光 OLED 器件及大尺寸 OLED 照明面板开发；高亮度 OLED 照明器件效率、显色指数、稳定性及大面积均匀性等技术研究；新型透明电极开发；柔性基片发光器件及其封装技术；装备国产化研究。

探索导向类白光半导体照明。高 Al 组分 AlGaN 材料的外延生长研究，深紫外 LED 芯片制备和器件封装技术；无荧光粉白光 LED 技术开发；类太阳光谱白光 LED 照明器件开发。

相关技术研究。高纯 MO 源、氨气等原材料制备技术；高效、高可靠、低成本 LED 驱动芯片关键技术；半导体照明光度、色度和健康照明研究，半导体照明产品亮度分布、眩光、显色性及中间视觉等光品质评价技术研究；半导体照明在农业、医疗和通信等创新应用领域的非视觉照明技术及照明系统研究；半导体照明材料、器件、灯具及系统可靠性技术，可靠性设计及加速测试方法研究。

3. 应用技术

以抢占创新应用制高点为目标，以工艺创新、系统集成和解决方案为重点，开发高光色品质、多功能创新型半导体照明产品及系统，实现规模化生产；开发出具有性价比优势的半导体照明产品，替代低效照明产品；开展办公、商业、工业、农业、医疗和智能信息网络等领域的主题创新应用。

高效、低成本 LED 驱动技术。高效、低成本、高可靠的 LED

驱动电源开发，驱动电源产品优化设计、制造工艺关键技术；高集成度、低成本、高可靠的 LED 驱动电源芯片开发；驱动电源系统和电源内部器件的失效机制研究、失效分析模型开发。

LED 室外照明光源、灯具及系统集成技术。大功率室外 LED 照明灯具系统集成技术，完善 LED 灯具结构、散热、光学系统设计，提高灯具的效率、散热能力和可靠性；多功能的新型 LED 室外照明灯具及散热材料开发；室外 LED 照明灯具的防水、防震、防电压冲击、防紫外、防腐蚀、防尘等技术研究；LED 光源、灯具模块及控制设备化、标准化、系列化研究；规模化生产工艺及在线检测技术；环境及用户感知器件集成技术；加速测试的加速因子及测试方法研究。

LED 室内照明光源、灯具及系统集成技术。高效、低成本、替代型半导体照明光源技术，针对现代照明的调光控制和驱动技术；适合发挥 LED 优点的高光色品质、多功能新型照明灯具及系统开发；LED 模块化封装产业化关键技术；二次光学系统开发；高效率、高稳定性荧光材料及涂敷工艺开发；新型塑料、陶瓷、石墨、金属等灯具散热材料及散热结构开发，与封装工艺兼容的粘接材料开发；光源模块、电源模块等接口标准化研究。

智能化、网络化 LED 照明系统。LED 的集群照明应用技术与可变色温的模组化 LED 照明系统开发；LED 照明系统自动配置技术研究及开发；降低照明节能管理与维护管理成本的系统集成技术研究；照明系统网络拓扑及网络性能优化技术研究；智能化照明控制系统的控制协议与标准开发；照明系统可靠性模型及优化方法研究；基于互联网及云技术的公共照明管理系统开发；基于物联网的半导体照明控制系统及节能管理系统开发；照明系统与住宅、办公楼宇、交通等控制系统结合、集成的方法及技术研究；半导体照明系统可靠性评估及自修复技术。

LED 创新应用技术。LED 特种功能性照明产业化技术；影视舞台、剧场等演艺场所用 LED 灯具及照明系统开发；LED 在航空、航天、极地等特殊领域应用技术；LED 防爆照明灯具开发；超高亮度 LED 光源关键技术；LED 在现代农业、养殖、医疗、文物保护、微投影与微显示等领域应用技术及照明系统开发；远程光纤传输分布式照明系统开发；超越传统照明形式的 LED 灯具、控制系统及解决方案的设计开发；LED 灯具与系统的生态设计。

半导体照明检测技术。半导体照明外延与芯片测试方法及标准光源研究；高功率半导体照明产品光辐射安全研究；半导体照明光源及灯具耐候性、失效机制和可靠性研究；半导体照明灯具在线检测、光谱分布与现场测试方法及设备研究；加速检测设备及检测标准研究；半导体照明产品和照明系统检测技术和设备的研究及开发；照明控制设备的检测技术研究与设备开发；半导体照明产品检测与质量认证平台建设。

4.产业发展环境

支撑示范应用，促进技术研发和产业链构建，完善产业发展环境。研究测试方法及开发相关测试设备，引导建立检测与质量认证体系，参与国际标准制定；开展知识产权战略研究，提升我国半导体照明产业专利分析和预警能力；积极探索 EMC（合同能源管理）等商业推广模式。

半导体照明产品检测与质量认证平台。LED 光谱检测设备开发；LED 外延及相关辅助原材料测试分析技术，LED 器件、模块、组件测试评价技术及标准光源开发，逐步建立量值传递体系；半导体照明产品性能评价方法研究，光生物安全性研究；失效评测技术研究；建立检测与质量认证平台与认证网络，开展检测数据共享机制研究。

行业标准检测体系。研究并完善半导体照明标准体系，推动技术创新与标准化同步。加快研究制定标准和技术规范，在产业链空白环节筹建标准化技术委员会，支撑相关标委会对不同环节标准的制、修订工作；发挥我国在应用领域和市场规模方面的优势，研究并推进国际标准的制定。

知识产权战略研究和商业推广模式。研究半导体照明知识产权战略，建立专利分析预警系统，通过集成技术部署专利战略；加强与国外专利组织的合作。

新型显示

　　显示技术处于多种技术路线并存、产业发展迅速的黄金阶段。主要的显示技术有阴极射线管显示、液晶显示、等离子体显示、有机发光显示、激光显示、三维立体（3D）显示、电子纸显示、场发射显示、发光二极管显示、硅基液晶投影显示、数字光处理显示等。其中，阴极射线管显示已基本退出显示技术历史舞台，液晶显示技术和等离子体显示已经成为显示主流技术，激光显示、3D 显示、有机发光显示、电子纸显示、场发射显示将是未来主流显示技术。我国激光显示是最有可能领先国际水平的显示技术，3D 显示是最有生命力且终将成为显示技术共性平台的下一代显示技术，有机发光显示是最具发展潜力的新型显示技术，电子纸显示和场发射显示是值得关注的下一代显示技术。

　　自 20 世纪 90 年代以来，新型显示产业快速发展，总产值超过 1000 亿美元，其中 90% 以上为液晶显示产业创造。在全球液晶显示产业竞争中，日本、韩国和中国台湾地区已占据 90% 以上的份额，呈现日、韩和中国台湾地区三足鼎立之势。目前，韩国的三星和 LG、中国台湾地区的友达和奇美、日本的夏普排名全球液晶显示面板厂商前5名，占据全球生产和销售总量的80%以上。

"十一五"期间，在市场需求和技术创新推动下，我国新型显示技术得到了迅速发展，产业链中上游技术创新与国际水平差距逐步缩小，下游整机应用系统集成技术得到跨越发展。其中，我国激光显示技术保持与国际同步，3D显示技术与国际同行差距较小，有机发光显示、电子纸显示产业发展迅速。液晶显示和等离子体显示等主流显示技术自主产业创新步伐明显加快。目前，我国具有相对优势的激光显示技术和产业均处于蓄势待发阶段，未来显示储备技术场发射显示的发展势头也较明显，多种显示技术在移动互联网终端显示的集成应用得到快速发展。我国新型显示技术创新和产业发展迎来了十分难得的机遇期。

随着电子消费产品的更新换代，加速了阴极射线管显示向以液晶显示和等离子体显示为主的新型显示过渡，迫切需要加强数字化和平板化引领，带动上游原材料、元器件和核心装备制造业的发展，推动中游模组、下游整机制造业的发展，不断完善我国新型显示产业链，实现产业结构调整与升级。随着更为严格的节能降耗标准的实施，迫切需要开发高光效发光材料、低能耗背光模组等，促进显示制造企业向节能环保方向发展。

1. 发展思路

以前瞻性技术研究开发与成熟技术产业化并举为导向，以科技创新能力和产业竞争能力建设为核心，统筹规划、合理布局，分层次发展我国新型显示技术。优先支持新型显示的核心材料、关键技术和共性技术研发，突破新型显示产业发展瓶颈，注重显示产业领军人才和创新团队培养，建立完备的技术研发平台和创新体系，完善新型显示产业链，逐步掌握显示产业发展主动权。

坚持全创新链设计。重视基础研究，研究新材料、新技术、新器件。加强前沿技术研究，研发核心材料和关键技术，掌握核心知识产权。增强应用研究，开发产业链所需的配套材料和关键装备，加强新产品开发应用。推进产业化示范，实现技术成果的产业化。加强对新型显示全创新链的统筹规划与顶层设计，促进显示产业科学发展与可持续发展。

坚持全产业链布局。重点支持上游核心材料、产业配套材料、元器件及重要装备的研究开发，重视中游面板和模组开发生产，抓好下游应用产品开发和整机集成应用，完善产业链建设。加强区域平衡，聚散有序，配套合理，降低物流成本，提高企业竞争力。

坚持企业主体地位。强化企业主体地位，以企业为主导深化产学研合作。鼓励企业增加研发投入，支持新型显示行业骨干企业建立高水平研发中心和国家级创新平台。坚持以市场为导向，兼顾市场的整体需求及相关配套产业的发展、近期利益和长远发展有机结合。

坚持人才发展导向。加强人才队伍建设，充分利用产学研用合作机制，培养产业技术创新人才。充分发展和利用科技创新平台，聚集创新人才，为显示产业提供高端技术和管理人才。

重点发展激光显示和 3D 显示的共性关键技术，增强移动互联网终端显示创新能力，推动产业化进程；切实加强有机发光显示、电子纸显示和场发射显示的基础性和应用性研究，提升新型显示技术的自主创新能力；着力突破液晶显示和等离子体显示的产业瓶颈和商业模式，提高当前主流显示产业的国际竞争力。

全面掌握激光显示、3D 显示、有源有机发光显示、有源电子纸显示和场发射显示等关键技术，促进移动互联网终端显示产业发展，培育一批液晶显示和等离子体显示龙头企业和产业集群。到 2015 年，实现显示产业链新增产值超过 5000 亿元。以企业为主体，建立高效的技术创新体系，建设若干产业化示范基地和技术研发平台，形成一批新型显示产品的核心专利及国家和行业标准，培养若干主导方向的领军人才和创新团队。

2. 基础研究

探索新型显示技术的新材料、新技术、新器件，重点解决新型显示中的科学前沿问题，提升我国新型显示基础研究能力，为未来新型显示高新技术的形成提供源头创新。优先开展先进显示材料、新型显示器件、显示模式、显示方法等共性重大基础科学研究，着力研究激光显示中的半导体激光与晶体材料、真三维及全息立体显示、有机/高分子发光显示发光材料、电子纸显示彩色化材料、场发射电子束源及蓝相液晶材料体系，探索激光全息显示、场发射气体激发显示、无彩色滤光膜的彩色场序显示机制，全面优化设计薄膜场效应晶体管（TFT）基板、有源驱动（AM）

有机发光显示和场发射显示器件结构，开展 3D 显示、激光显示视觉感知与人体工学研究，为下一代显示技术的研发打下良好基础。

高性能半导体激光器与激光全息显示技术新机制。开展人工微结构高性能半导体激光器与动态激光全息显示技术新机制研究，突破传统半导体激光器设计思想，深入研究人工微结构材料及器件性能，通过联合调控光子和电子，研究高性能半导体激光器的新原理与新机制。实现基于数字全息技术与相位调制技术的激光全息投影技术的创新发展。

真三维及全息 3D 显示机制与新器件。研究全息 3D 显示和其他高视觉感知真 3D 显示的基础科学问题，探索快速液晶相位调制和固态光折射聚合物相位调制机制及其器件物理问题，建立人脑感知 3D 信息的心理与物理模型，提出 3D 人机交互新方法，建立基于电信号调制和光信号调制的大尺度、宽视角动态全息显示基础理论，获得原型器件。

新型有机发光显示发光材料与器件结构。研究高发光效率、长寿命的有机 / 高分子复合发光材料，高发光效率、高稳定性的有机发光显示器件结构，新型有机发光显示彩色化技术，新型大面积 TFT 有源层材料。

新型类纸性显示原理、材料与器件的基础问题。研究快速响应的彩色电子纸显示体系、相关显示材料，彩色显示的驱动机制；研究新型电子纸显示原理、相关显示材料及器件结构。

新型场发射气体显示机制及其显示材料。研究场发射气体激发显示阴极材料、器件结构、显示原理、制作工艺和驱动技术，研究新型微纳电子发射材料及其电子发射结构，探索电子激发气体发光机制。

微秒级液晶显示关键材料与器件的基础问题。研究无彩色滤光膜的彩色场序显示技术，研究微秒级响应蓝相液晶体系，拓展蓝相液晶工作温度范围，优化蓝相液晶显示器件设计，研究无彩色滤光膜的彩色场序显示驱动技术，探索研究目前彩色场序显示中彩色劣化的机制，提出消除或改善彩色劣化的途径和方法。

新型高效气体激发发光显示材料与显示技术。研究电子注入型等新型高效气体激发发光显示器件结构设计、新材料、新工艺和驱动方法，研究高发光效率电子注入型显示机制、驱动模式。

3. 前沿技术研究

开发激光显示的激光晶体材料和光源模组技术，在全息 3D 显示、裸眼 3D 显示、移动互联网终端显示等技术方面取得突破；研究有机发光显示和电子纸显示共有而又各具特色的 TFT 技术，突破有机发光显示的有源、柔性和高分子印刷喷墨技术，解决电子纸显示的有源、彩色化和快速响应等技术难点；研制低逸出功印刷型和一维纳米线场发射显示样机，解决新型显示技术的产业化量产关键技术。

半导体激光材料与三基色激光光源模组技术。制备高质量低成本性能优越的功能晶体材料；研究绿蓝激光用低位错密度氮化镓衬底材料、红光和蓝绿光半导体激光器结构设计、外延生长技术和器件工艺与规模化生产技术；开展半导体激光器自动化封装工艺与设备研究；研究三基色激光光源模组技术，发展智能化驱动技术；突破激光与荧光发光相结合的新型显示光源关键技术；开展主动式多视点 3D 显示激光投影技术、激光显示视觉健康评价与标准研究。

高性能 3D 显示技术。开展大尺寸可变焦透镜的真三维、全息三维显示技术研究，开发集成成像 3D、视点跟踪 3D 和便携式 3D 显示器件；研究透镜与光栅设计、制备、对准与贴合技术，研究 2D/3D 图像相互转换和兼容技术，3D 图像处理技术，突破裸眼 3D 多视点显示关键技术；开发高性能 3D 显示屏；全面掌握非裸眼 3D 显示技术，达到国际领先水平；建立 3D 显示评价、数据处理方法与标准，进行 3D 显示视觉健康研究。

有源、柔性及印刷型有机发光显示核心材料与关键技术。研究金属氧化物 TFT 基板技术、有机 TFT 技术和有源有机发光显示集成技术，开发硅基 TFT 基板生产技术和中大尺寸有源有机发光显示屏技术；开发柔性显示屏技术和柔性封装技术，研究印刷型有机发光显示溶液配制技术、超薄薄膜印刷技术和全印刷阴极制备技术。

电子纸显示先进显示材料与面板技术。研发彩色电子纸显示的新材料、器件结构及显示原理、驱动及其面板制备技术；研究适于柔性电子纸显示的驱动基板材料及其制备方法、显示薄膜制备工艺和面板制作技术。

低逸出功和纳米线冷阴极场发射显示材料与关键技术。研制高性能低逸出功可印刷场发射显示阴极材料及其后处理技术，制备34英寸高性能低逸出功可印刷场发射显示器工程化样机；研究大面积器件结构中均匀发射的纳米冷阴极的制作工艺，制备21英寸纳米线场发射显示样机；开发高性能场发射显示专用隔离子，开发场发射显示驱动芯片、驱动模块与驱动系统，开发场发射显示阴极后处理与封接封离技术与专用装置。

移动互联网终端显示用材料与关键技术。研究用于移动互联网终端显示的2D–3D兼容转换微透镜阵列、微狭缝光栅与微柱透镜光栅、基于微孔成像的集成光栅阵列一体化设计、材料研制、光栅制作等关键技术；开发低功耗技术、多基色超高分辨率技术、高性能多点触控技术、肢体识别与互动技术，开发高光效和视觉健康等新型高性能显示材料体系与器件，开发用于智能手机、平板电脑、智能显示器等全系列移动终端显示屏及其相关产品，实现量产及规模应用。

4. 应用研究

开发新型显示产业配套材料、重要装备、低成本技术、低功耗技术和产品设计技术。开发新型显示产业链上游配套材料，完成配套材料的在线测试、企业认证与产品应用，提高主辅材料的国产化率。加强集成创新和引进消化吸收再创新，着力攻克产业化关键技术，突破瓶颈制约，提升新型显示产业竞争力，为我国新型显示可持续发展提供支撑。

开展激光散斑测量与激光模组集成老化测试研究，以及设备研制与开发；开展高性能、智能化驱动电源技术研究，高性能视频图像处理与颜色管理技术研究及其配套硬件开发。开发 3D 显示用眼镜光阀、柱镜光栅板、微位相差板、高性能光学膜等材料与部件，开发高性能 3D 显示屏；突破 3D 显示模组和整机制备与集成技术，实现量产与规模应用。开发 TFT 靶材、光刻用化学品材料、高纯特种气体材料、高性能光学膜、掩膜板及其批量生产技术等内容，建设技术支撑平台，为生产企业提供技术和人才保障，提高有机发光显示产品上游配套材料和国产化率。开发高反射率、高响应速度的电子纸显示材料和显示薄膜的中试生产技术，专用 TFT 及有源显示屏的规模生产技术，研究电子书产品的驱动集成电路设计与开发。

高世代线玻璃基板和彩色滤光片、滴下式注入法（ODF）用液晶材料开发、驱动芯片开发、新型半导体照明背光、高性能光学膜等国产化配套材料的研发与国产化导入，化学刻蚀液的国产化开发。开发八面取玻璃基板，3D 等离子体显示用荧光粉、电极材料、障壁材料、列选址芯片、行扫描芯片、多功能集成逻辑控制芯片、显示屏设计技术和制备工艺，透明 3D 等离子体显示模组；研究开发超薄等离子体显示模组需要的产品结构、器件、电路工艺、散热技术和制造技术等；研究等离子体显示低功耗显示屏和驱动电路设计技术，开发适应低功耗要求的新型介质材料、电极材料、荧光粉等，实现低功耗等离子体显示产品产业化。开发用于移动互联网终端显示的高性能显示器件，开发移动互联网终端显示模组与整机制造技术，突破显示系统低功耗技术、轻薄化技术、系统集成技术与整机制造技术，开发全尺寸移动互联网终端显示及其相关产品的工程化与产业化技术。

开展超高亮度激光显示、高性能低成本激光显示、大屏幕激光电视及便携式（含微型）激光显示等整机产品的工程化与产业化开发，突破光源集成、自由曲面光学元器件、光学引擎、散斑消除、高速图像处理、高效热管理等关键器件。建立眼镜式 3D 显示生产技术、工艺及质量控制规范，提升快门和偏光眼镜式 3D 电视的显示品质；开发 3D 显示投影影院系统，实现 3D 影院系统国产化。突破关键技术和掌握自主知识产权，将有机发光关键材料和显示技术应用到产业，实现有机发光产品规模批量生产，以市场拉动材料和技术发展；重点实现有机发光材料的批量生产，低成本批量生产无源发光显示屏，规模量产有源发光显示屏。建设有源电子纸显示面板生产线，研究电子书驱动技术及其批量制造技术。开发电子书所需的配套材料，设计并批量生产驱动专用集成电路、产品系统和应用软件。开发用于智能手机、平板电脑、智能显示器的全系列移动互联网终端显示器件。

高品质特殊钢与高温合金

高品质特殊钢（含高温合金，下同）是指具有更高性能、更长寿命、环境友好的高技术含量、高附加值的特殊钢品种，代表了特殊钢材料的发展方向。合金材料是由金属材料和非金属材料合成的、具备金属特性的一类材料，按组成元素数量可分为二元合金、三元合金及多元合金，其在成型、硬度、功能添加等方面具有特殊的优异性能，广泛应用于生产生活领域。高品质特殊钢对保障国家重大工程建设、提升装备制造水平、促进节能减排和相关应用领域技术升级具有重要意义，是体现一个国家整体工业发展水平的重要标志。

特殊钢是保障国家工业化和国防现代化不可缺少的重要基础材料，与国家重大工程建设、高端装备制造息息相关，尤其是超超临界火电机组与核电装备用特殊钢、高速列车与大功率风电机组用轴承钢、油气开采与储运输送用耐蚀钢及合金、节能变压器与电机用超低铁损电工钢、资源节约型不锈钢、工程机械用高强度耐磨钢、先进工模具钢、航空航天和能源装备用高温合金等方面的需求日益增大，品质要求越来越高。

　　发达国家高度重视高品质特殊钢材料及其生产技术的研发与应用，美、日、欧等国家和地区均投入了大量人力、物力，持续开发特殊钢新技术、新品种和新材料。经过长期积累，已形成了高水平的特殊钢材料、工艺及制备技术体系，并建立了与之配套的标准、规范、手册及数据库。20 世纪 90 年代以来，为适应世界钢铁工业向生产集约高效、低成本、绿色环保的方向发展的趋势，国外主要钢铁企业加大资本重组和结构调整的力度，走"特、精、专"的发展道路，通过国际化经营实现专业分工和有限资源的合理配置，提高了特殊钢产业集中度与专业化程度。国际上特殊钢产业发展越来越依靠开发成本更低、可靠性更高的高新技术产品，依靠生产装备和工艺高技术化来提高产品质量和性能。目前，国外先进的特殊钢冶炼技术可实现窄成分控制，凝固技术可保证成分和组织的高均匀度，加工技术可获得精确形状尺寸和组织性能，生产产品能满足高端装备制造的需求。工业发达国家的特殊钢产量占其钢总产量的比例较高，美国和韩国约为 10%，日本、法国和德国为 15% ~ 22%，瑞典则高达 45% 左右。这些国家的特殊钢产品以高技术含量、高附加值品种为主，产量约占世界总产量的 70%。

　　1956 年，我国第一炉高温合金 GH3030 试炼成功。这一时期，我国大力发展冶金工业，亟须掌握各种合金的生产技术，发展新型品种，结合我国资源建立合金钢系统。《1956—1967 年科学技术发展远景规划纲要》针对合金材料，部署研究镁合金、铝合金和轴承合金：研究镁合金中利用稀土金属技术；在铝合金方面发展多种元素的品种，提高强度；在轴承合金方面，建立铅基和铝基合金系统，推广铁基含油轴承应用，节约锡、铜。研究高温材料、高温合金生产技术，发展新品种；研究钼、钨等高熔点金属表面保护层的制造方法。在特种合金方面，研究超级矽钢片的制造方法，电阻合金、电极合金、低膨胀系数合金等的生产技术；研究粉末冶金，重点是烧结理论和各种金属粉末的制造方法。在钛冶金及其合金方面，研究钛的冶炼和克鲁尔法；研究现有钛合金性能及其处理方法，进一步探索新型钛合金以提高其高温强度和抗氧化等性能。在钛及其合金的加工方面，研究铸造、压力加工变形、切削、焊接、表面处理和粉末冶金等方面的工艺过程，降低生产成本。镁合金、铝合金、钛合金等技术在这一时期得到了发展，我国有色合金系统技术体系初步建立。结合我国资源情况，用钒钛锰硼系钢种代替汽车、拖拉机、机床用的镍铬系钢种取得了显著成效。随着合金材料向着高纯度、高精度方向发展，对提高金属纯度提出了更加严格的要求，提高金属和合金的强度问题成为关注问题之一。在《1963—1972年科学技术发展规划纲要》中，部署研究提高合金的强度问题，研究合金金相的形成规律及其结构与性能的关系。在《1978—1985年全国科学技术发展规划纲要》中，在合金材料的制备、加工、成型、腐蚀等方面部署了合金的铸造、压力、加工、焊接、热处理工艺对组织和性能影响研究。在有色金属合金的耐蚀性理论研究方面，研究铜合金、钼合金、镍合金、钛合金、铝合金、锆合金等的腐蚀行为。在氧化与热腐蚀方面，研究合金氧化过程动力学。在海水与工业水腐蚀与防护方面，研究低合金钢的腐蚀机制与规律，铝合金的腐蚀机制与规律，铜、钛合金的腐蚀机制与规律等。

在前期基础上，合金材料技术向着更强、更精、更轻的方向发展。在《国家中长期科学和技术发展规划纲要（1990—2000—2020 年）》中，部署研究铝锂合金、高强高韧性铝合金、耐蚀合金、耐高温的钛合金各种靶材，以及铜、镍、铍、锆和铪等特殊合金材料。研究提高低合金钢和合金钢纯洁度和精度技术，重点研制能源、交通、石油化工、工程机械领域用钢。在"十五"时期，面向支撑国家支柱产业发展还部署高分子合金材料技术的研究工作。"十二五"时期注重推进产业结构升级，大力发展高温合金等重要基础材料技术。

国内钢铁企业加大研发投入和技术改造的力度，生产装备条件和工艺技术水平取得了长足进步，专业化、综合化生产企业与多样化生产工艺流程相结合的特殊钢生产体系初步形成，特殊钢产量快速增长，已形成一定规模、品种规格比较齐全的特殊钢产业。其中，不锈钢年产量超过 1000 万吨，轴承钢年产量达到300 万吨，齿轮钢年产量突破 200 万吨。但与普通钢行业相比，国内特殊钢行业的技术发展相对滞后，与国际先进水平的差距也较普通钢行业大。我国特殊钢产量约占钢总产量的 5%，产品基本上面向国内市场，国际市场份额仅占 2% 左右。

"十二五"期间，面向我国航空航天、清洁能源、现代交通、先进制造等领域的发展需求，重点突破高温合金、轴承钢、耐热钢、耐蚀钢、电工钢、耐磨钢和工模具钢等高性能特殊钢关键材料技术，形成具有国际先进水平的高品质特殊钢材料体系和生产工艺流程，获取一批自主知识产权，以点带面推动特殊钢产业结构调整与优化升级，大幅提升节能减排技术水平，实现高品质特殊钢材料国产化和规模应用。建立一批专业化生产示范线和国家级研发平台与中试基地，加强产、学、研、用合作，培养一批高水平特殊钢研发创新团队，形成从基础研究、前沿技术研究到应用开发与集成示范的全链条协同创新格局。

一是开展高品质特殊钢重大基础研究。

开展高性能、低成本、环境友好型特殊钢材料的基础研究，建立以夹杂物控制和利用为特征的新一代高洁净精炼与特种熔炼技术原型，探索均质化凝固新原理，揭示成形加工与处理过程中的组织演变机制，发展特殊钢材料设计、制备加工与处理的新理论、新技术、新方法，引领特殊钢生产技术未来发展方向。

开展铸造高温合金、变形高温合金、粉末高温合金的基础研究，揭示制备与加工过程中材料组织演变规律、缺陷形成机制及服役过程中材料性能退化与失效机制，提出基于组织优化控制的合金设计和工艺控制理论，建立服役可靠性与寿命评估方法，为先进高温合金材料的设计、开发和应用奠定基础。

二是开发高品质特殊钢关键材料。

开发 650 ~ 700 ℃蒸汽参数超超临界火电机组用钢关键材料技术，研制出主蒸汽管道和集箱用大口径（Φ350 ~ 710 mm）厚壁耐热钢与耐热合金锅炉管，以及汽轮机用长度 1.1 m 以上次末级大叶片、高中压和低压转子锻件、氮含量超过 0.8% 的高强度钢护环，实物质量达到国外同类产品水平。

针对高速（变速）、重载（偏载）、腐蚀等不同应用环境，开发高性能、低成本、高可靠性的轴承钢及其生产工艺，建立轴承失效分析技术及检测平台和标准体系。实现时速 200 ~ 250 km 高速列车用轴承产业化和批量应用，制造出时速 300 ~ 350 km 高速列车用轴承并通过台架试验；研制出 5 MW 以上大功率风电机组用轴承和直径 6 m 以上盾构机用大型轴承，实现工程化应用。

针对电力与制造业节能降耗、技术升级对超低铁损高硅电工钢的需求，开发高硅电工钢的高效低成本制造技术与全流程组织性能控制技术，形成完整的自主知识产权。建设示范生产线，实现工频至中高频应用的多种规格优质高硅钢板带产品制造技术的产业化，推动我国尖端硅钢品种的跨越式发展。

针对新一代压水堆核电站建设的高安全性、高可靠性需求与关键特殊钢材料不能自给的现状，研究开发核岛一回路主管道用控氮不锈钢锻件、主泵用奥氏体不锈钢铸件、核级焊材等核电用钢的冶炼、加工和质量控制工艺技术，提高产品性能稳定性与合格率，为实现核电机组关键钢铁材料的国产化提供技术支撑。

针对电力、建材、矿山等行业工程机械装备用耐磨钢的服役工况和构件特征，开发高性能低成本耐磨钢、陶瓷及硬质合金与钢可控复合的钢基耐磨材料等，突破资源节约型复合结构耐磨钢在大型高效节能辊磨机等工程机械装备上的应用技术。建设示范生产线，实现产业化和批量应用。

针对制造业技术升级对先进工模具钢的需求，创新材料设计，突破材料组织精细控制、多功能复合、大规格与复杂形状制造等关键技术，开发适于粉末冶金和喷射成形的大截面高速工具钢、离心浇铸和电渣液态复合浇铸的高速钢复合轧辊，以及高性能低成本热作模具钢、冷作模具钢、塑料模具钢。建设示范生产线，实现产业化和批量应用。

针对航空和能源领域重大装备制造对高性能高温合金材料的迫切需求，开发重型工业燃气轮机、高推重比航空发动机关键热端部件用变形高温合金、粉末高温合金、铸造高温合金材料与制造工艺，以及高温合金热端部件的高温防护涂层技术、服役损伤与寿命评估技术，为先进航空发动机、工业燃气轮机关键材料的国产化提供技术支撑。

三是开发特殊钢先进生产技术。

针对油气开采、储运和输送对高品质耐蚀钢及耐蚀合金的迫切需求，开发低合金耐腐蚀钢、油船货油舱用耐腐蚀钢、X60 ~ X80 耐腐蚀用热轧管线钢板和钢带、高耐腐蚀 80 ~ 110 ksi

（560 ～ 770 MPa）级热轧钢带和高频直缝焊钢管等，满足强度、韧性和焊接性及腐蚀防护方面的特殊要求。建设示范生产线，实现批量生产和应用。

针对我国镍资源严重短缺、铬资源对外依存度高的现状，开发高性能含氮双相不锈钢、超级奥氏体不锈钢、高氮不锈钢、节铬型不锈钢及其配套焊接材料等，制定节镍型、节铬型不锈钢的技术标准，改变我国不锈钢产品过度消耗合金资源的现状。建设示范生产线，实现批量生产和应用。

针对电炉流程开发顶吹供氧和底吹搅拌、增加铁水比和供氧强度、少渣冶炼和高碳出钢等关键技术，基于转炉流程开发铁水"三脱"预处理、转炉少渣冶炼和低氧位终点控制等关键技术，突破以非金属夹杂物控制为核心的洁净高效精炼技术及铸造过程的凝固组织均质化控制技术。建设示范生产线，实现提高特殊钢生产效率、降低成本和提高钢的洁净度与组织均质度的目标。

围绕特殊钢薄带铸轧短流程，系统研究凝固与成形工艺、组织演变原理、第二相析出行为及强韧化机制，突破铸辊和侧封板长寿命化、水口结构优化和薄带板形控制等核心技术，开发铸轧薄带全线控制系统。针对特厚板冶炼和连铸，研究改善偏析、控制铸造组织均匀性关键技术，形成特厚板连铸工艺路程。建设示范生产线，实现节省投资、降低能耗的目标。

开发大型真空感应熔炼的原料超纯化、真空造渣、底吹氩、超高温熔炼、中间包冶金等超洁净冶金技术，大型电渣重熔的专用渣系、气氛保护、熔速精确控制和无偏析凝固组织控制等技术，大型真空自耗炉低偏析、高均质熔炼和熔滴控制等技术。建设示范生产线，实现特种熔炼流程生产高端特殊钢的超纯净熔炼、精准成分控制与凝固组织高均质化的目标。

开发基于超快速冷却的新一代控制轧制与控制冷却技术、工艺及装备，建立特殊钢晶粒组织、相组成及其比例的精确控制模型，通过冷却路径与工艺参数的合理选择，优化控制第二相粒子的数量、尺寸及其分布。建设示范生产线，实现降低生产能耗、节约合金资源和大幅提高产品性能的目标。

突破纵向变断面、周期变断面板带材及大尺寸环形件的形状、尺寸、金属流动、组织性能的高精度控制等关键技术，开发变断面板带材均匀退火、高精度矫直、精密剪切和环轧工件椭圆度、厚度偏差精确控制等配套工艺，形成具有自主知识产权的成套工业化技术，实现大幅节能、节材的目标。

开发特殊钢精确热处理新工艺、新技术与新设备，解决大断面及复杂形状工件热处理的组织均匀化和尺寸稳定性难题；开发局部、分区、差异化热处理工艺与表面改性技术，满足工件不同部位的使用性能差异化要求；优化退火、回火、调质、碳配分等工艺，获得特定使用要求的组织和性能。

依托目前我国特殊钢企业正在和即将进行的先进特殊钢生产线建设，通过新技术的系统集成与工艺优化，建立高效率、低成本与稳定生产高品质棒线材、扁平材、锻材、无缝管材等不同类型特殊钢材的先进工艺流程，满足以高端装备制造业为主的市场发展需求，对行业起到引领示范作用。

在"十三五"规划中，侧重新材料技术突破与应用，部署研究高温合金、轻质高强材料等技术。通过规划实施，试制出了满足乘用汽车和海洋船舶使用的铝合金板材及满足先进航空航天使用的铝合金挤压材，突破了 Cu-Cr-Zr 合金带材生产的核心关键技术，建立了年产 1 万吨的高性能 Cu-Cr-Zr 合金带材生产线，产品性能达到或超过国际先进水平。

面向轻质高强镁合金，获得了可用于镁合金设计的物性参数，开发了块体镁合金高通量制备方法，初步构建了镁合金凝固过程模拟、缺陷及性能预测相关模型。面向航空用先进钛合金，实现了原子模拟百量级的高通量计算，初步构建了八元系钛合金的热力学和动力学数据库。面向新型镍基高温合金，初步构建了热力学及动力学计算平台、高通量表征方法及燃机 / 航机用单晶合金成分优化准则，实现了粉末高温合金热加工工艺的高通量设计，建立了大型铸件本体试样显微疏松缺陷与拉伸力学性能间的关系模型。

今后，新型合金材料继续向绿色化、智能化、低碳化方向发展，合金材料技术研究仍需深化和延续，低成本高纯粉末高温合金及应用技术、高温合金纯净化与难变形薄壁异形锻件制备技术、高品质 TiAl 合金粉末制备及增材制造关键技术、光热发电用耐高温熔盐特种合金、海洋工程及船用高端铜合金材料、苛刻环境能源井钻采用高性能钛合金管材、先进铝合金高效加工及高综合性能化技术、高性能镁合金大型铸/锻件成形技术等将成为研发重点，其成果将有力支撑智能制造、新能源、现代交通、海洋、航空航天领域的发展。

后　记

　　转眼就是 3 年，在感叹时间果真似白驹过隙之时，也匆匆完成了这本书稿。由于学习思考不够，其中难免诸多瑕疵，且作继续前行的动力。

　　材料领域的经历与收获的滋养，让我一步一步走进了这座历久弥新的科学与技术兼备的殿堂，遍览其中的历史纵深与厚重积淀，在大学毕业之后第一次比较系统地去学习、了解一门专业学科的理论与实践，工作任务完成之余也感受着学习知识的欢乐。如果说 2017 年 3 月戴上管理学的博士帽是对产业化工作经历的小结，那么当年 5 月到了材料处就是"新学期"的开始。虽然从"入学"到"离校"仅仅 3 个学期，却也收获了新的见识、新的思索、新的期待。到科技部的第一个司局就是高新司，一晃就工作了 14 年，共事过的领导与同事对我的鼓励、支持、帮助很多，始终铭记于心。在材料处工作期间，适逢南平副部长和秦勇司长、国英副司长、吉峰副司长的领导，让我有了开拓思路、主动作为、放手工作的机会，学未必有成，行未负韶华。

　　这是到规划司工作后个人的第三本书，前两本都是平时工作的基本常识，但心里一直念念的是整理记录材料领域工作的入门感受。有幸参加新一轮科技规划的具体工作，在李萌副部长和许倞司长的领导下，很难得在专班中有了重新学习、重新思考、重新认识的机会，退后一步，站高一格，与张旭、树梅、铁成、庄嘉等领导和同事共同讨论过后，得以换个视角想想材料的昨天、今天与明天。

如前所述，高层次、高水平专家队伍是我国材料科技创新发展底气与志气的基石，也是支撑我勤于学习、勇于思考、敢于实践的智慧之源，言传身教历历在目，谆谆教诲字字珠玑。特别是在本书成稿过程中，干勇院士和劲松、吴玲、少雄、国庆、兴旺等专家亲力亲为，纠谬勘误，更感学风严谨，收益良多。

致谢为 3 本拙作做了精美设计的武汉理工大学袁晓芳老师，让白纸黑字焕发了盎然生机。感谢科学技术文献出版社丁坤善老师及编辑们的精心以待，秋风送爽且闻付梓兰香。

2018 年 10 月 29 日，履新规划司的第一次出差，在北京开往上海的高铁上，曾填了一首《浪淘沙》，录于此为记。

　　天朗眺云潼，秋满芳丛。汀兰庭赏抵溪淙。

　　正数茱萸霜露外，冬雪嫣红。

　　路久却行匆，犹念初衷。捭阖沃野浦江东。

　　不惑新征方信步，一瞥惊鸿。

2021 年 10 月